高等院校精品规划教材

室内设计原理

主编 毕秀梅

副主编 蔡江宏 文健 王巍 李志 曹宇龙 郑志强

U0792311

中国水利水电出版社
www.waterpub.com.cn

内容提要

本教材是为满足我国高等职业院校示范性建设艺术设计教育教学改革和建材建设的迫切需要编写的。本教材共分十章，主要阐述了室内设计概论、室内设计程序与方法、室内空间组织及界面设计、室内设计色彩、室内设计照明、室内材质设计、室内家具设计、室内陈设、住宅空间设计、办公空间设计。

本教材可作为各类艺术院校的环境艺术设计专业、艺术设计专业、室内设计专业、装饰设计专业的教材，对建筑装饰行业的专业技术人员及广大的设计师朋友也具有一定的参考价值。

图书在版编目（CIP）数据

室内设计原理/毕秀梅主编．—北京：中国水利水电出版社，2009.12（2016.8 重印）

高等院校精品规划教材

ISBN 978-7-5084-7009-2

Ⅰ．①室…　Ⅱ．①毕…　Ⅲ．①室内设计-高等学校-教材　Ⅳ．①TU238

中国版本图书馆 CIP 数据核字（2009）第 215180 号

书　　名	高等院校精品规划教材 **室内设计原理**
作　　者	主编　毕秀梅
出版发行	中国水利水电出版社 （北京市海淀区玉渊潭南路 1 号 D 座　100038） 网址：www.waterpub.com.cn E-mail：sales@waterpub.com.cn 电话：（010）68367658（营销中心）
经　　售	北京科水图书销售中心（零售） 电话：（010）88383994、63202643、68545874 全国各地新华书店和相关出版物销售网点
排　　版	北京零视点图文设计有限公司
印　　刷	北京鑫丰华彩印有限公司
规　　格	184mm×260mm　16 开本　12 印张　270 千字
版　　次	2009 年 12 月第 1 版　2016 年 8 月第 5 次印刷
印　　数	14001—17000 册
定　　价	**49.00** 元

凡购买我社图书，如有缺页、倒页、脱页的，本社营销中心负责调换

版权所有·侵权必究

序　　言

随着计算机信息时代的高速发展及建筑房地产业的迅速崛起，建筑装饰行业越来越重视和需求技能实战型人才。科学与艺术的结合、艺术设计与计算机图形设计的结合，是室内设计专业的起点与基础，也是高职高专教育的教学特色及人才培养方向的重点。本书根据室内设计专业的课程性质、学习领域、课程目标、学习方法等几个方面，采用项目教学方法，改变以往传统教育的以教师为主的教学模式，并且每章节的内容与专业需求的市场信息相结合。作者采用现代技术的新手法，结合自身丰富的实践和经验撰写了本书，因此有很强的可操作性和借鉴性，对高校大学生的学习也具有较强的指导性，同时对建筑装饰行业的专业技术人员也具有一定的参考价值。

本书在编写中体现了以下特色：

（1）紧密结合高职教育课程改革的需要，采用项目教学法、行动导向法，以学生实践能力培养为重点，编写项目教学任务书；以学生为中心，安排理论及实践内容。

（2）编写中把对实际需要的知识和技能作主要阐述，前部分重点讲述基础理论，后部分侧重于讲述技术及项目任务书的完成，并参考了黑龙江省知名装饰公司设计施工案例。

（3）本书内容涉及室内空间设计、灯光设计、色彩设计、装饰设计、住宅设计、公共场所设计等，在传统理论基础上，重点阐述材料及施工工艺对室内设计的重要性，材料性能及新材料的使用，图文并茂，并穿插设计草图与概念意向图，以引发学生的学习兴趣。

（4）每章后编写有“本章教学引导”，能为教师在教学过程中提供方便。

本书作者多年来一直从事建筑装饰理论教学研究和实践工作，在理论和实践上为学生提供了很多可以实践操作的技巧，丰富了室内设计方面的原理，同时也对室内设计理论进行了深入探讨。这些探讨是从实践出发的，希望在实践价值方面能够得到同行和读者的认同。

东北农业大学艺术学院院长

黑龙江省高校艺术设计委员会会长

2009年5月20日

目　　录

教 学 引 导

一、课程基本内容

本书教学内容分为三部分：室内设计原理、室内设计程序与方法、设计项目任务实训。全书共有10章，具体阐述室内设计的基础知识，运用实际竣工的工程项目进行教学引导，采用理论讲授与设计实践及专题讲座等方式结合，把理论知识巧妙的传授给学生；室内设计程序与方法部分主要培养学生的设计分析能力、设计处理能力、设计表现能力、设计沟通能力等；设计项目任务实训的部分所占比例较大，重点训练学生的操作能力，针对装饰行业的人才需求进行训练，有效地培养了学生室内设计创新能力、方案制作能力、施工技术能力等综合性能力。

“室内设计原理”这门课程教学内容符合职业技能培养要求，注重实践环节的教学，采用任务驱动的模块式教学，按照工作流程来组织教学。教学逻辑顺序注重从基本内容到方法，从方法到实践，从实践到应用，从简单到复杂的过程，使学生在接受丰富多彩的知识的同时，提高技能，更加注重设计观念与设计方法的探讨与实践教学充分结合。

二、课程目标

通过任务引领的项目活动，对室内设计相关知识进行传授与技能培养，要求学生能独立完成室内装饰工程的方案创作设计，能准确而全面地运用各种表达方式绘制施工图、效果图，同时通过项目的开展获得相应的学习能力、应用能力、协作能力和创造能力等。重要的是要求学生具备室内设计的职业能力，对专业能力、方法能力、社会能力等重点培养，为学生从事室内设计相关工作打下基础。

三、课程实施的手段与教学方法

本课程顺应高职教学改革的形式，以高职高专教育培养应用型专业技术型人才目标和人才培养方案为依据，深入分析了适应专业现状的教学方法与手段，改变传统理论教学“满堂灌”的模式，采用了符合模块式课程教学的多种教学方法和教学手段，全面推行了项目驱动教学方法，使用多种手段与媒介，优化课程体系，创建新的知识技能结构，完成本课程的“教、学、做”完美结合。

本课程采用的教学方法有：

（1） 项目驱动教学法：以黑龙江省几家建筑装饰工程有限公司的设计工程项目为主，在教学中建立“设计工作室”，以工作室为基地，以设计任务为导向，以设计过程为路径，以设计内容为理论知识节点，以实践运用为驱动，在设计任务完成过程中以实践反证理论；并以小组为单位运行“任务—设计实训—理论—任务”的课程教学方法，采取多方位、多层次的学习效果评价，拉近教学与社会用人要求的距离。

（2） 情境教学设计：学习情境的工作任务按照理论资讯—决策—任务—实施—检查—评估六步法来完成，以学生训练为主，以教师指导为辅，共同完成项目任务。创设情境，激发兴趣打破常规的授课形式，以分组讨论形式进行。一个人在放松状态下，思维特别的活跃、清晰，能想像的空间也特别广阔，语言的表达也特别顺畅，实践表明，本来虚无缥渺的设计理论课程通过真实案例，创设环境、有序点拨，使学生思维变得更活跃，能积极主动参与学习，达到课堂的教学目标。通过师生间平等交流创造和谐的课堂气氛。同时集众人的智慧于一体开展教学，既提高学生问题的广度和深度，又更好地培养一种和谐的团队精神。

（3）设计现场教学法：采用参观施工工地的方法，部分内容采用现场教学的方式进行，将抽象的理论知识和工艺变成眼见为实的实际体验。

（4）理论联系实际—多媒体演示与讲授结合：采用启发式教学，有层次地进行理论讲解与观看图片结合，对实际工程项目知识内容深入展开，并联系生活，结合实践运用。生活是现实的、丰富的，设计是比较抽象的，如果不把两者联系起来，学生必然感到枯燥乏味。加之纯粹的设计理论，本身就很乏味，它需要有较高的综合文化知识，而实际上根据目前高职教育中学生的现状，用理论性强的传统授课方式，很难达到教学目标，在整个教学过程中要注重一点：让学生轻松上阵，在游戏式的集体讨论中展开联想，把设计知识与生活中的事物紧紧联系起来，激发学生的创造性思维能力，让学生意识到设计灵感来于对身边事物的细微观察，唤起学生的学习兴趣。

（5）单元模块知识竞赛：本课程以单元模块知识为主，课堂上展开快速设计比赛，手绘效果图表现比赛等形式，提高学生对本课程的学习兴趣，加深了学生对知识理解和掌握。

（6）以人为本，启发式教学：主体唱戏，客体导演。课堂教学强调“以人为本”，主要以倾听学生的感受为主，同时引导学生去思考、去联想，在思考中提出问题，在联想中解决问题。教师走下讲台去参与、倾听，学生发言时，及时给予赞扬和鼓励，尽可能少发表自己的观点，给学生学习的自信心，尊重他们与众不同的感受。

四、课程项目任务书

课程职业能力描述培养学生具有建筑室内设计的基本能力、实际动手能力、洽谈能力、分析和处理问题的能力，同时培养学生良好的职业道德和诚实、守信、合作的专业素养。室内设计原理的项目任务设计分为以下两个大项目。

（一）住宅室内设计项目——三室一厅高层住宅家庭设计

项目要求：

（1）了解家庭成员的基本情况和场所的实际情况。

（2）合理规划空间，满足空间的基本功能需求，充分利用空间。

（3）风格、色彩与材质的选择从实际需要出发。

（4）图纸表现规范，施工图要求整套A4图纸，装订成册；效果图手绘或电脑制作均可。

（5）搜集材料样板及图片和主要材料的市场价格。

（二）办公空间设计项目——行政办公空间设计

项目要求：

（1）建筑原有的结构分析，对空间特征、用途、办公流程熟悉。

（2）掌握各部门人员工作的性质、特点和部门内在关系。

（3）明确交通流线，合理设计通道路线。

（4）合理利用空间分布设计原则，使空间有效利用。

（5）重点部位设计细化，门厅、走廊等处体现办公性质。

（6）单元办公室、开敞办公室、领

导办公室具体设计。

（7）图纸表现规范，施工图要求整套A3图纸，装订成册；要求有空间的轴测图、彩色平面图，任选一个空间的效果图，采用手绘或电脑制作均可。

五、教学学时设定

室内设计原理课程需要与其他课程相衔接，教学进度建议安排在大学二年级上学期，可以分住宅空间设计，公共空间部分教学，也可以进行独立教学，适当地增加课时量。本课程计划总学时为128学时，主要教学课时安排：理论讲授46学时，实践学时82学时，可以根据具体情况弹性地安排课程内容及教学进度。工地现场参观课时安排在设计项目任务实训部分，教师在授课过程中灵活把握机动课时，充分地体现本门课程的专业特色，更好地运用新的教育教学方法，突出岗位设计能力，为高职高专课程改革建设探索一条健康科学之路。

序号	项目	具体模块内容		学时分配		
				讲课	项目任务	合计
1	一	室内设计原理		30	12	42
2	二	室内设计程序与方法		4	18	22
3	三	设计项目任务实训	住宅内设计	6	26	32
			办公空间室内设计	6	26	32
4	合计			46	82	128

第一章　室内设计概论

室内设计是一门集技术与艺术为一体的复杂性综合学科。它与人的实际存在有着紧密的联系，它不仅满足了人们生活的需求，同时也在改变着人们的生活方式与行为方式，提升了人们的生活品质。

近年来室内设计已成为发展极为迅速的一个领域，随着经济环境的不断发展以及科学技术的不断进步，室内设计越来越体现出它在整个国民生活中的重要位置。

第一节 室内设计的含义

室内设计，又称“室内环境设计”，就是在建筑构件限定的内部空间中，以满足人的物质需求和精神需求为目的，运用物质技术手段与艺术手段，创造出功能合理、舒适、美观的内部环境。

室内设计源于建筑设计，它的发展也是伴随着现代建筑的发展而逐步发展起来的。早期的室内设计就是与建筑物相适应的室内装饰，18世纪室内装饰师与建筑师逐渐分离，19世纪室内装饰师开始独立发展，20世纪60年代，室内设计理论开始形成，真正的室内设计出现。室内的任务由装饰转为按不同功能要求，从内部把握空间，设计形状、大小、高低不同，为人民舒适生活而整理的空间。设计风格上也打破了17世纪、18世纪传统繁琐的装饰风格，超越了19世纪以后只强调功能性、追求造型简单的形式主义，逐渐形成了新的审美趣味和形式风格，并且在20世纪后期逐渐走向多元化。

一、室内设计发展过程中的几个相关概念

室内装饰——是为满足视觉艺术要求而进行的一种附加的艺术装饰。例如对室内地面、墙面、顶棚等各界面的处理，装饰材料的选用，也包括对家具、灯具、陈设和小品的选用、配置和设计。

室内装修——主要指在建筑土建工程完成后的空间内对建筑构件、照明、通风与构造等进行工程技术方面的综合处理，即安装与修缮。

室内装潢——有装饰和装修综合的意思，偏重于室内环境的艺术处理，与此同时注重时尚与流行意识，是注重时尚与繁体风格的设计。

室内设计——是综合的室内环境设计，它既包括视觉环境方面的问题，也包括工程技术方面的问题，还包括声、光、热等物理环境的问题，以及氛围、意境等心理环境和文化内涵等方面的内容。可以说，它较之上述几个概念都更加完善、更加全面。

现代室内设计是艺术与技术的综合运用，它与人们的生产、生活质量有着紧密的联系。它不仅要符合人体工程学、环境心理学、环境物理学等一些功能要求，同时还要体现出历史文脉、建筑风格、环境气氛等人文精神因素。现代室内设计的出发点就是为人民服务，以人为本，因此，如何在社会不断进步，科学技术不断发展的今天，利用好多学科知识，创造安全、惬意的室内空间关系，组织合理的室内机能关系，安排好室内舒适的生活环境，这成为室内设计的关键所在。

二、室内设计的内容

室内设计的内容主要是对建筑实质环境和非实质环境的规划和布局。

实质环境——建筑自身的构成要素，是室内实际存在的物质环境，常被称为物理功能环境，即“硬环境”。

非实质环境——与室内气氛有关的审美要素。主要指精神功能环境，即“软环境”。

具体可以归纳为以下几个方面。

（一）室内空间设计

在建筑设计的基础上，按需要对空间的大小、比例和尺度进行进一步的调整，解决好空间与空间之间的衔接、对比、统一等问题，以达到室内空间和平面布置的合理安排。

（二）室内界面处理

室内界面处理指按照空间处理的要求，对地面、墙面、隔断、吊顶等室内空间的各个围合面进行处理，其中包括截面的形状和造型的设计，材质和色彩的搭配，以及界面和结构构造的处理等方面。

（三）室内物理环境设计

室内物理环境设计，是现代室内设计中极其重要的组成部分。它包括室内的采暖、通风、照明、湿度调节等多方面内容，涉及了水、电、风、光、声等多个技术领域，满足了人们在室内环境中的各种生理需求。随着科技的不断进步与发展，室内物理环境系统的技术含量越来越高。

（四）室内陈设艺术设计

室内陈设艺术设计主要是对室内除硬环境之外的软环境进行安排与布置。它主要包括室内的家具、设备、装饰织物、陈设艺术品，以及灯具、绿化等方面内容。室内陈设艺术设计的主要目的是装饰空间、美化环境，其特点就是要体现室内的艺术风格和精神追求，所以室内陈设的效果对人们在室内环境中的影响是最直观的。

（五）绿色设计

绿色设计主要指室内整体设计上遵循绿色环保理念。绿色设计与人们的生存和生活息息相关，近年来已经成为人们越来越关注的问题。它包括要以为人们创造健康、安全、舒适的环境为目的，在设计与施工上选用可回收、可再利用、低污染、省资源的环保型材料，以及无毒、少毒、无污染或少污染的施工工艺，将可持续发展的绿色生态理念切实地落实在具体的设计与实施中。

三、室内设计的分类

室内环境按照其使用性质及功能的不同可有以下分类：

（1）生产建筑室内：厂房、车间、实验室。

（2）居住建筑室内：公寓式、别墅式、院落式、宿舍式。

（3）公共建筑室内：剧场、银行、宾馆、饭店、商场、娱乐厅、展览馆、图书馆、体育馆、火车站、学校、幼儿园、办公楼等。

第二节 室内设计的发展趋势与目标

室内设计的目的——是创造满足人们物质需要和精神生活需要的室内环境，即以人为本，一切都要以人的生产生活活动为最基本的出发点。现今社会正处在一个经济、信息、科技、文化等各方面高速发展的时期，人们对自身所处的环境的质量提出了更高的要求，这也为室内设计的发展提出了新的要求与目标。

1. 更加人性化的设计理念

现代室内设计的基本理念是以人为本，这是任何时候都不能违背的基本准则，人是衡量一切的尺度，要时刻秉承以满足人的物质需求和精神需求为目的的观念，始终把使用者对室内环境的要求放在设计的首要位置。设计师应更加注重环境心理学、人体工程学以及审美心理学等多方面因素在设计细节上的体现，同时，未来的室内设计也是科技设计的时代，便捷型、智能型的设计是彰显人性化设计的最直接的体现，也必将是未来室内设计的发展方向。

2. 科技与文化艺术的结合

透过建筑和室内发展的历史看，任何一种具有创造性新风格的兴起，总是和社会生产力的发展相适应，并从一个侧面反映当时社会物质生活和精神生活的特征。随着社会生活和科学技术的不断进步，人们的价值观和审美观也发生了巨大的变化，人们更注重将生活环境和审美意识相结合，这也就要求设计的科技性与文化性要达到充分的结合与平衡。科技是实现设计的一种手段，文化性与艺术性是设计的具体体现形式，但文化性和艺术性并不是简单的照搬某种形式或符号，而是要通过美学原理来体现时代的精神和文化的内涵，处理好它们之间的相互关系是成为现代室内设计发展的关键。这要求室内设计师不仅要掌握并运用现代科学技术的成果（新材料、新结构、新工艺及新的表现方法），同时还要挖掘具有时代精神的价值观和审美观，创造出科学性与文化艺术性、生理要求与心理要求，以及物质上与精神上都满足人们需要的舒适的室内环境。

3. 可持续发展的绿色设计

可持续发展是近些年来人们越来越关注的问题，其产生背景是工业时代带来的环境污染以及一些不良的生产、生活的方式给人类的生命与健康所带来的威胁。如何保护好环境、维持生态平衡，创造有益于人类生存的室内外环境是现今设计师责无旁贷的责任。

可持续发展的绿色设计应遵循自然、生态、环保的设计原则，要确保生命的安全、健康，使用的便捷、舒适，具体在室内环境的创造上除了利用无污染、少污染的装修材料和施工工艺以外，还要注重设计上的简洁、实用，不铺张浪费，不做无必要的奢侈设计，提倡节约和循环利用，确保所创造的空间环境从设计到实施再到使用整体上的环保性。

4. 更加多元化的设计风格

更加多元化的设计风格是室内设计发展的必然。古今中外，任何一种艺术风格的形成都与当时的社会经济、哲学思想、美学观点，以及民俗民风等因素有着密切的关系，从室内设计的发展过程来看，其中的形式、风格多种多样，这些都为优秀设计作品的形成提供了大量的灵感和素材。当今这个时代是追求个性、崇尚自由的年代，我们允许或鼓励多种风格并存，并提倡在重视功能的基础上，将多种设计风格进行多元化的改良，使之更适合现今时代的发展特色，让个性与共性、设想与实施能够达到最大限度的统一。

5. 行业分工与协作的进一步完善

随着社会节奏加快，生活质量的提高，人们对所处的环境也不断地提出更高的要求，对室内的艺术风格和环境氛围的追求也随之进行着变化，这导致现代室内设计和环境装饰上呈现出更新周期日益缩短的特点，这也无形中推动了室内设计行业的发展。室内设计自身的规范化进程得到进一步完善，各种相关的法规和规定得到有效的实施，行业分工越来越细化，设计与各专业（结构、构造、设备材料、施工工艺）技术部门的协作也越来越紧密，室内设计行业将步上更加正规化、程序化的轨道。

第三节 室内设计的风格与流派

一种典型风格的形成，通常是和当时当地的人文因素和自然条件密切相关，室内设计风格和流派的形成也是如此，它是不同的时代思潮和地域特点，通过设计构思和表达，逐渐发展成为具有代表性的室内设计形式，属于室内环境中的艺术造型和精神功能范畴。

一种风格或流派，通常作为一种形式或视觉上的感受表现出来，但又不仅仅停留或等同于形式，它还能积极或消极地影响文化、艺术以及诸多的社会因素。

一、室内设计的风格

1. 传统风格

传统风格的室内设计，是在室内布置、线形、色调以及家具陈设的造型等方面，吸取传统装饰“形”、“神”的特点，常给人以历史延续和地域文脉的感受，使室内环境突出民族文化渊源的形象特征。概括地说，传统风格包括中式传统风格和欧式传统风格，例如我国古代建筑中木构架的室内藻井、天棚、挂落、雀替等构件和符号，明、清时期家具的造型款式；西方传统风格中的罗马式、哥特式（图1-1）、文艺复兴式、巴洛克、落可可、古典主义等。此外，还有日本传统风格、印度传统风格、伊斯兰传统风格、北非城堡风格等。现今传统风格的室内设计多是对不同时期建筑风格、样式的模仿或抽象提炼，因此对设计师的设计素养和设计能力有较高的要求。图1-2为欧式传统室内风格，图1-3为中式传统建筑风格——养心殿。

2. 现代风格

现代风格起源于1919年成立的包豪斯学派，其标志是俄国构成主义运动和荷兰风格派的成立。现代主义主张突破旧传统，创造新建筑，强调功能为设计的中心，讲究设计的科学性；具体设计上重视功能和空间组织，注意发挥结构构成本身的形式美，提倡非装饰的简单几何造型，崇尚合理的构成工艺，尊重材料的性能，讲究材料自身的质地和色彩的配置效果；同时还发展了新的美学思想，强调表现手法和建造手段的统一，主张利用非传统的以功能布局为依据的不对称的构图手法。

图1-1 哥特式建筑风格　　法国巴黎圣母院

图1-2 欧式传统建筑室内风格

图1-3 中式传统建筑风格——北京故宫养心殿

图1-4 现代风格

在当今的设计中，现代风格（图1-4）被广泛运用，主要指造型简洁新颖、色彩明快的具有时代感的建筑形式和室内环境。

3. 后现代风格

后现代风格一词最早出现1934年西班牙作家德奥尼斯的《西班牙与西班牙语类诗选》一书中，用来描述现代主义内部发生的逆动，特别有一种现代主义纯理性的逆反心理，即为后现代风格。后现代主义是一个从理论上难以精准下定论的一种概念，因为后现代主要理论家，均反对以各种约定俗成的形式，来界定或者规范其主义，从实质上说，后现代主义是对西方传统哲学和西方现代社会的纠正与反叛，是一种在批判与反叛中又未免会走向另一极端——怀疑主义和虚无主义的“过正”的“矫枉”，起初出现于19世纪二三十年代，用于表达要有必要意识到思想和行动需超越启蒙时代范畴。而现在成了一切都是凌乱的，没有中心。建筑与室内设计领域的后现代风格表现文脉、隐喻与装饰，其基本理念是追求设计的复杂性与矛盾性，强调设计应具有历史的延续性，较之现代主义更具人情味。后现代风格建筑与室内设计体现出强烈的非线型思维的特征，设计中大量引用传统设计的元素或符号，并进行非理性的异变和拼贴，如常在室内设置夸张、变形的柱式和断裂的拱券，或把古典构件的抽象形式以新的手法组合在一起，即采用非传统的手法和象征、隐喻等手段，想创造一种融感性与理性、集传统与现代、揉大众与行家于一体的即“亦此亦彼”的建筑形象与室内环境。后现代风格突破了既定的思维模式，探索并创造了新的造型方法，强调设计的精神因素，拓展了建筑与室内设计艺术与审美的空间，如今，“后现代”已经成为另类设计及夸张设计的代名字，是建筑和室内设计发展历史上的一次重大突破。图1-5为后现代风格——深圳益田假日私人会馆。

4. 自然风格

自然风格（图1-6）倡导“回归自然”，认为在美学上推崇自然，才能在当今高科技、快节奏的社会生活当中，使人们能取得生理和心理的平衡。室内多用木料、织物、石材等天然材料，显示材料的纹理，清新淡雅。田园风格（图1-7）是自然风格的一种，也可称作“乡村风格”，常运用天然木、石、藤、竹等材质的质朴的纹理，巧妙设置室内绿化，创造自然、简朴、高雅的氛围，力求在室内环

图1-5 后现代风格

图1-6 自然风格

境中表现悠闲、舒畅、自然的田园生活情趣。田园风格的种类很多，设计中应根据地域特色和民族习惯对室内的色彩、家具、饰物、植物等进行选择。

5. 混合型风格

近年来，建筑设计和室内设计在总体上呈现多元化、兼容并蓄的态势。室内布置中也有既趋于现代实用，又吸取传统特征的装饰手法，其逐渐发展成一种混合型风格（图1-8、图1-9）。如中西组合式风格——在空间结构上既讲求现代实用，又吸取传统的特征，在装饰与陈设中融中西为一体。混合型风格给人以耳目一新、不拘一格的感

图1-7 田园风格

图1-8 混合型风格（一）

图1-9 混合型风格（二）

2. 光亮派

光亮派（图1-11）也称“银色派”。20世纪60年代流行于欧美。该派竭力追求丰富、夸张、富于戏剧性变化的室内气氛和效果。室内设计中夸耀新型材料及现代加工工艺的精密细致及光亮效果，在室内大量采用镜面玻璃、不锈钢、铝合金、磨光花岗岩和大理石等作为装修、装饰材料；照明方面十分重视室内灯光照明效果，常使用投射、折射等各类新型光源和灯具；室内布置上使用色彩鲜艳的地毯和款式新颖、别致的家具及陈设艺术品，形成光彩照人、绚丽夺目的室内环境。

受，要求设计师要设计得独具匠心、恰到好处，深入推敲形体、色彩、材质等方面的总体构图和视觉效果。

二、室内设计的流派

1. 高技派

高技派（图1-10）亦称“重技派”。20世纪50年代后期兴起，建筑造型及室内设计风格上注重表现“高度工业技术”的设计倾向。高技派理论上极力宣扬机器美学和新技术的美；造型上结构暴露、形象夸张，并且经常施加浓艳的色彩，给人鲜明的高科技建构的空间印象；技术上主张采用新结构和新材料，以创造新颖的，便于装配变化，用途灵活多样的室内空间。

图1-10 高技派

图1-11 光亮派

段，从而使室内具有华丽而略显浪漫，传统中不失时代气息的装饰氛围。

5. 风格派

风格派起源于20世纪20年代的荷兰，又被称为“新造型派”，以画家蒙德里安为代表，强调“纯造型”的表现，主张把各种基本几何形象通过它们的联系，组合成新的、有意义的、理想主义的结构。在室内装饰和家具设计上经常反复运用纵横几何结构和基本原色与中性色的配制，形成极为鲜明的特征与特性。

6. 超现实派

超现实派（图1-13）产生的背景源自达达主义，其新的美学观念是“令人惊讶的才是美”、“艺术就是惊奇”，追求所谓超现实的艺术效果。在室内布置中常采用异常的空间组织，曲面或具有流动弧线

3. 白色派

白色派（图1-12），20世纪70年代最为活跃，其室内朴实无华，各界面以至家具常以白色构成整个环境的基调，造型设计简洁明确。注重空间和光线的布置，陈设上采用简洁、精致的现代艺术品，力求创造一种明快、愉悦的室内效果。

4. 新洛可可派

洛可可派原为18世纪盛行于欧洲的一种建筑装饰风格，主要表现在宫廷和府邸建筑的室内装饰上，以精细纤巧和繁复的雕饰为特征，喜用不对称手法和鲜艳的浅色调为装饰手法。新洛可可仰承了洛可可繁复的装饰特点，但装饰造型的载体和加工技术却运用现代新型材料和现代工艺手

图1-12 白色派

型的界面，浓重的色彩，变幻莫测的光影，造型奇特的家具与设备，有时还以超现代的绘画或雕塑来烘托超现实的室内环境与气氛。超现实派的室内环境较为适应具有视觉形象特殊要求的某些展示或娱乐的空间。

图1-13 超现实派

7. 解构主义派

解构主义派建筑（图1-14）与室内设计正式出现于20世纪80年代，以法国哲学家德里达为代表所提出的哲学观念，是对20世纪前期欧美盛行的结构主义和理论思想传统的质疑和批判。解构主义派建筑与室内设计表现出极端的反叛传统建筑法则的姿态，对传统古典、构图规律等均采取否定的态度。在设计中追求散乱、动荡、倾斜、失衡、残缺之类的感觉，给人以强烈的心理冲击，同时还强调不受历史文化和传统理性的约束，是一种貌似结构构成解体，突破传统形式构图，用材粗放的流派。

图1-14 解构主义派

8. 装饰艺术派

装饰艺术派（图1-15、图1-16）源自于新艺术运动，奠定于1925年以“现代工业装饰艺术”为主题的巴黎国际博览会。它从非洲原始艺术和东方艺术中吸取了大量灵感和营养，同时代的立体主义、包豪斯派以及未来主义等艺术流派也为其发展起到了推动作用。装饰艺术派善于运用多层次的几何线型及图案，重点装饰于建筑内外门窗线脚、檐口及建筑腰线、顶角线等部位。近些年来，一些

图1-15 装饰艺术派（一）

图1-16 装饰艺术派（二）

宾馆和大型商场的室内常在现代风格的基础上，在建筑细部装饰以装饰艺术派的图案和纹样，体现出既具时代气息，又有建筑文化内涵的环境氛围。

本章教学引导

【教学目标】

本章重点是让学生充分了解室内设计的含义，了解国内外室内设计的发展情况及相应时期的风格流派，掌握室内设计概论的重要指导意义，让学生对室内设计的基本内容及相关概念有个基本的了解，并以此为引导进行专业教育，使学生对专业课程有初步认识。

【教学要求】

本章主要介绍了室内设计的基本概念，要求学生在掌握室内设计的含义和基本程序的同时，还要了解室内设计的风格与流派，在充分掌握好理论的情况下，将理论与实践更好地相结合。第一节讲述了室内设计的含义；第二节归纳了室内设计的发展趋势与目标；第三节介绍了室内设计的风格与流派。

【职业能力目标】

知识要点（专业能力）	方法能力	社会能力
室内设计的含义	讲授法	丰富的理论基础
室内设计的发展趋势与目标	理论讲授	本职工作基本素质的体现
室内设计的风格与流派	理论联系实践　多媒体教学	方案的风格定位与实施的能力

【案例导入、问题导入】

给学生观看某家庭的装修竣工图片，分析方案装修的目的与意义，分析方案设计的风格，从而引入课程的目的和作用，引发学生的学习兴趣。

【知识链接】

室内设计的风格与流派是建筑风格流派的一个分支，风格的形成是个漫长的过程，各种风格的界定也是不好判断的，要通过长期的实践积累。最简单的方法就是通过图片分析室内设计的风格特征。

【应用案例】

项目一：教师提供图片分析属于哪个阶段的风格？

项目二：充分理解室内设计的含义与目的，指导今后的设计实践。

【课外阅读、参考材料】

1.《室内设计资料集》
出版社：中国建筑工业出版社
主编：张绮曼 郑曙阳

2.《室内设计》
出版社：上海人民美术出版社
主编：梁展翔

3.《国外当代建筑与室内设计》
出版社：中国建筑工业出版社
编著：矫苏平 张琦

4.《建筑与室内设计的风格与流派》
出版社：清华大学出版社
编著：文健 毕秀梅

【练习题】

巩固理论知识，分析设计的原理并查阅相关知识。

【项目实施与评估】

本章理论知识比较抽象，具体实践项目训练内容实施与工程项目结合。

【本章小结】

本章重点讲述室内设计的基本原理概述，介绍室内设计的风格与流派，使学生对理论知识的认知贯穿到整门课程中。

第二章　室内设计程序与方法

第一节 室内设计的程序

一、室内设计的程序

室内设计根据其专业特点，有着一套既严谨又复杂的工作流程。完整的设计程序是设计质量的前提与保证。

通常分为以下四个阶段：设计准备阶段、方案设计阶段、施工图设计阶段、设计实施阶段。

1. 设计准备阶段

设计准备阶段主要指在充分了解业主的总体设想之后，接受委托任务。按照相关要求签订设计合同，或根据标书要求参加投标，其中应包括设计进度安排及设计费率标准。

在设计准备阶段设计师要明确设计任务和要求，如室内的使用性质、功能要求、设计规模，等级标准、造价等。除此之外，还要充分收集分析与设计有关的规定和资料信息，并对现场进行勘测、调查，根据业主的要求以及使用性质做充分的准备工作。

2. 方案设计阶段

这是在充分了解工程情况和设计意图的基础上，进一步收集、分析、研究与设计任务有关的资料与信息，构思立意，从多方案中分析与比较，最后确定初步设计方案，提供方案设计文件，这一般包括设计说明、平面图、天花图、室内立面展开图、透视效果图、室内装饰材料实样，以及工程造价估算。以上初步设计方案经审查无疑后方可确定。图2-1、图2-2为方案初步设计效果图。

3. 施工图设计阶段

施工图设计阶段所提供的文件更为详细，一般包括有关的平面布置、室内立面和天花平面等图纸，同时还需有构造节点详图、细部大样图、设备管线图，施工说明和造价预算。设计施工图的精准性是保证设计实施与完成质量的重要保证，也是对整个设计项目的最后决策，所以施工图设计阶段是整个设计程序中承上启下的部分，要格外重视。

4. 设计实施阶段

此阶段，设计工作已接近尾声，进入了工程的施工阶段，设想即将变为现实，许多细节上的问题也将逐一落实。在室内工程施工前，设计人员应向施工单位进行设计意图说明及图纸的技术交底工作；在

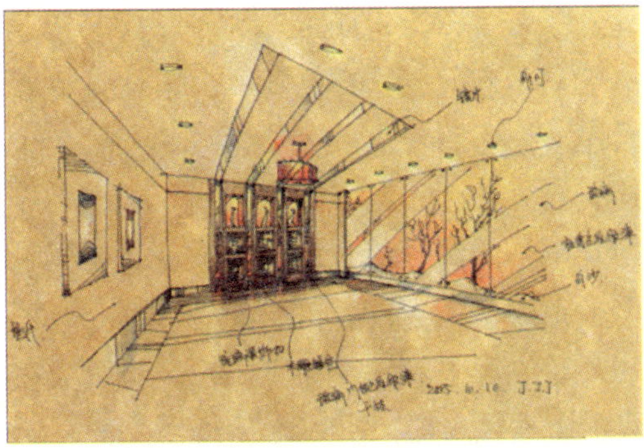

图2-1 方案初步设计效果图（一）
（作者：季荆菁）

图2-2 方案初步设计效果图（二）
（作者：季荆菁）

施工过程中，要及时按图纸检验施工现场的实际情况，并作必要的局部修改或补充；协助业主对装饰材料及其他相关设施进行选择与质量监督；施工结束时，会同质检部门与委托方进行工程验收。

总之，室内设计的从业人员必须充分重视设计中的各个环节，协调好委托方、施工单位及各有关部门的相互关系，使设计任务得以顺利完成，以达到理想的预期效果。

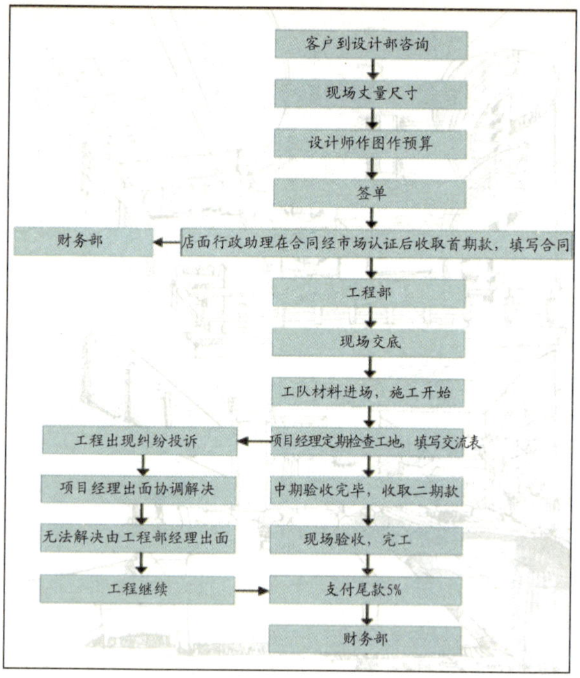

图2-3 家庭装饰工程流程图

二、装饰工程的流程

公共场所的装饰工程与家庭装饰工程的工程流程图的制作存在很大的区别。相对来说，家庭装饰工程流程图（图2-3）很简单，使用表格就能概括地交代工程状况，而公共场所装饰工程流程很复杂。从工程项目准备到最后竣工使用的每个阶段的工程质量、费用与进度问题是最关键的，因此在每一项工作阶段中考虑最重要的问题就是在保证工程质量的前提下进度与费用的问题。我国建筑施工行业早期使用手绘曲线表格来安排施工进度及相关事宜，但随着计算机软件技术得不断发展，Project软件在系统工程管理、大型项目管理的方面操作方便，是目前使用较普遍的项目管理软件。通过专业软件对工程项目进行自动化的控制，充分体现出我国建筑及相关工程领域管理的规范与完善。

第二节 设计任务书及设计说明

一、室内设计的文字表达

室内设计涉及的学科领域非常多，设计师应该广泛涉猎不同门类的知识，对室内设计的创意与表现才能够多渠道化。设计行业经常使用的表达手段有施工图绘制、效果图绘制、模型制作、报价预算、施工组织计划等，那么有些设计观点用图纸表现还不够全面，需要加上语言文字的解释才能全面地表达设计的意图，文字性内容限定的通常是规定设计的标准、要求、法规等。在建筑设计、景观设计、建筑装饰、室内设计等行业，通常是用设计任务书及设计说明书等文字表达或限定的。一份好的设计任务书，既可使设计变得系统、清晰，又给设计单位明确的总体概念和充分的发挥空间，虽然在不同工程项目中不同的设计与施工角度设计任务书所承担的任务不同，但目的是一致的，那就是在工程中应较全面准确地反映策划结论的主要信息点，使设计成果同样体现系统性、超前性、可行性和应变性的要求，起到提纲挈领、约束、标准的作用。

二、设计任务书的制定及分析

1. 设计任务书的内容

设计的任务书主要是在项目实施之前策划项目工程的工作要点和总体设计方向，通过设计任务的系统地安排，做成决策性的文件，包括工程概况、甲方、乙方需求等。室内设计的任务书涉及的范围相对建筑、规划、景观来说，范围比较狭窄，虽说室内设计是建筑内部的空间处理，但任务书的制定还没有限定的内容标准，在这里主要参考规划设计、建筑设计、景观设计、住宅设计等设计任务书内容，根据室内工程的特点及需求，拟定室内设计任务书的具体内容如下：

（1）工程项目概况及特点。包括项目名称、项目地点、设计标准、工程投入资金状况等。

（2）项目设计范围及具体内容。

（3）设计进度及设计期限等。

（4）图纸内容要求及数量要求。

（5）设计依据。包括装修设计招标文件、建筑设计图、结构设计图等。

（6）设计规范及标准。设计内容应满足相关专业规范要求，如材料的选择、室内设计的维护与可持续利用等。

（7）室内使用空间类型要求及室内风格要求。

（8）项目相关人员职责。包括负责人、设计部经理、项目主设计师、方案设计师等负责完成项目的人员分工安排。

2. 设计任务书制定的基础与立场

（1）按照甲方的要求制定，前提是委托方的设计理念想法必须成熟、实际、并可实施，要求设计方尊重甲方的意愿来执行设计。

（2）根据工程的投资情况确定任务要求，工程投资的数额多少限定设计任务的数量。

（3）根据甲乙双方的协商分析建筑工程的自身条件、装修状况等由双方共同制定，或者根据相关部门的规定来设置，也可根据相关行业设计标准和要求制定。

三、如何编写室内设计说明书

室内工程的设计到施工，只有图纸表现还不够全面，关键还要有信息交流、细节性的介绍等，常用的方法就是汇编成书面文字性的语言来介绍，对整个工程的概况和总体设计要求用文字或者表格的形式详细地表达出来，就像一篇说明文，简单概况扼要的说明工程的状况及设计特色，把施工图中不易表达出来的内容或者重要的内容写成文字、编写成设计说明，一般放在整套施工图纸的前面。图2-4为某装饰工程设计说明书。

装饰设计说明书

一、工程概况

本工程为某汽车销售维修有限公司专营店装饰工程，总建筑面积5458.58 m^2，其中包括展厅、维修车间、钣金车间、油漆车间及新车车库五部分。装修标准严格按照厂家提供的Noposn标准进行施工。

二、装修设计

整体装修工程包括室外环境施工、室内展厅一层、二层装饰施工、车间部分位置施工及综合楼整体装修工程，具体项目如下：

1. 室外环境施工包括主入口踏步制作，建筑外侧600㎜宽巴西黑散水坡施工，停车位施工等。

2. 室内展厅一层、二层装修为重点施工，分棚、墙、地三大方面，具体材料使用、作法见施工图。其中室内展厅墙体均为75龙骨纸面石膏板制作；一楼卫生间陶粒砖砌筑墙体由土建施工，卫生间内侧后砌墙体由我方施工；二层男、女卫生间、茶水间、仓库、空调机械室的陶粒砖砌筑墙体由我方施工。

3. 维修车间隔墙（除卫生间隔墙）由我方施工，车间地面水篦子内三面贴砖由我方施工，水篦子由甲方提供；地面环氧树脂漆、机械安装、消防系统由甲方负责。

4. 综合楼设计根据使用功能改造旧厂房，详见综合楼装饰工程竣工图。

5. 整个装修工程水、电等隐蔽工程，均由我方设计并施工。

6. 展厅一楼、二楼轻钢龙骨纸面石膏板隔墙门洞口均留900㎜宽、2000㎜高，各房间门的具体尺寸详见门窗表。

7. 具体材料使用详见材料表。

图2-4 某装饰工程设计说明书

编写设计说明应包括以下几点内容：

（1）工程概况包括工程名称、工程造价、工程装修面积等。

（2）项目标准定位。

（3）设计宗旨、设计原则。

（4）设计主题及设计核心内容。

（5）平面功能布局说明及空间组织说明。

（6）整体风格说明 。

（7）室内各界面的处理。

（8）设计色彩、灯光设计说明。

（9）所选材料的性能说明及表格说明。

（10）造型设计介绍及施工技术的实现。

（11）各空间的设计创意介绍及独特设计说明。

（12）绿色环保设计内容等。

（13）施工要求、有关经济技术指标等。

（14）装饰门窗尺寸、规格等。

第三节 室内设计的表达

室内设计的最终目的是在各种条件的限制内协调人与之相适应的空间的合理性，以使其设计结果能够影响和改变人的生活状态。为了达到这一目的，从设计到工程的实施多角度考虑人们的要求，多手段地表现效果，室内设计需调动多种表达信息、符号才能让人接受、理解。

一、图纸表达

室内空间设计的图纸表达方式是按照工程进度进行来配置的，工程设计创意阶段是用施工图纸来表达工程设计内容，工程竣工后的验收、决算等需要竣工图纸；简洁明快的视觉直观效果需要效果图表现等。

1. 施工图纸表达内容及要求

（1）图纸的封面、封底、版式。

（2）首页图。包括设计图纸目录和设计说明。

（3）平面测量图。包括所有墙体内部尺寸、门窗洞尺寸、梁柱、上水、下水、地漏、坑管、空调洞、排风口、配电箱等。

（4）平面布置图。可以按照楼层的顺序排列，包括室内功能空间范围划分、拆砌墙示意及尺寸标注、整体尺寸标注、防水作业区标示、固定家具尺寸标注等。

（5）天花布置图。包括层高、空调送风、消防报警系统、音频、视频设备的安装位置、窗帘盒、材质、灯具位置、吊顶造型、灯具图例等。

（6）地面平面图。地面满铺材质填充，文字标注、局部造型区材质说明及尺寸标注等。

（7）电气工程施工图。包括电路图、开关控制线路图等，如强、弱电线路走向，灯位线路，多媒体，智能化插座位置分布图，插座布置说明，灯具开关布置图，各灯具型号及色系、尺寸，各开关位置及功能标示等。

（8）室内给排水施工图，也就是水路布置图。包括冷、热水管排放走向示意图、冷热水管铺设走向图、开槽部位示意等。

（9）立面图。室内主要造型的立面、各空间的造型立面及家具、隔断的立面、装饰构造、门窗、构配件节点图等。

（10）装饰详图。包括墙、柱面剖面图，装饰造型详图，家具详图，门窗及门套详图，楼地面详图，装饰小品，饰物图。

（11）楼梯设计图、安装施工详图。

2. 效果图的表达内容与要求

（1）手绘效果图（图2-5）。采用透视制图的方法按照空间尺寸选择恰当的比例绘制空间的结构与布局，采用不同种类的色彩颜料进行手工的色彩渲染，水粉、水彩、丙烯等颜料都经常使用。目前，装饰行业的发展推动了手绘快速表现技法的成熟，利用彩色铅笔与马克笔等工具相结合的方式是一种快速的行之有效的方法，也是设计人员必须具备的专业技能，虽然最近几年电脑效果图的出现冲击着手绘效果图的使用，但一些人对手绘效果图技能表现认识是错误的，认为电脑制图是可以替代手绘设计的繁琐过程。实际上，手绘的艺术价值和审美角度不可估量，要正确地处理好手绘效果图表现与

图2-5 室内手绘效果图
（作者：季荆菁）

图2-6 室内电脑效果图
（作者：孙蕾）

电脑效果图表现的关系，使艺术表现手段更加丰富和完善。

（2）电脑效果图（图2-6）。使用电脑制作软件AutoCAD、3DMAX、Photoshop、Lightscape等专业软件制作模拟空间结构、场景、布局、家具、材料、灯光、色彩等一切设计要素，力求达到真实的效果，具有高度清晰、仿真、精细的优点，是设计相关行业使用比较广泛、快捷、业主容易接受的最有效的表达方式。

（3）手绘与电脑绘图。把手绘的线条稿用扫描仪输入成文件存储到电脑后，利用平面处理软件添加颜色、处理立体效果，发挥手绘图线条的流动美和电脑图的强大修改创造功能，结合二者的优点，形成新流行的一种绘图表达方式（图2-7）。

（4）轴测图（图2-8）。属于平行投影图，根据投影方向的不同分为正轴测投影和斜轴测投影，轴测图的制作方法简便，立体感较强，直观性好，适合表达室内空间的分隔及家具布置等，常用来制作

图2-7 某装饰工程外立面利用假山、流水的自然景色美化外观，设计方案使用手绘与电脑软件相结合的表达方式
（作者：李志）

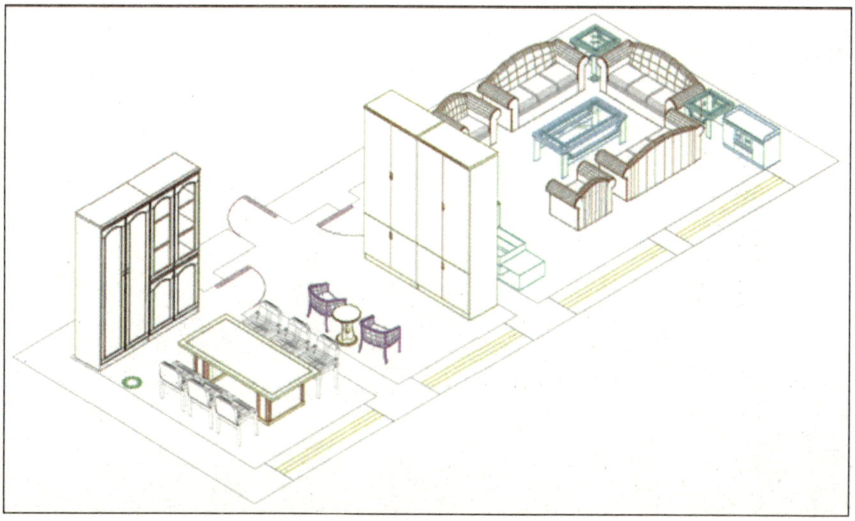

图2-8 家具设计轴测图
(作者：李志)

辅助图样，常用在房地产楼盘户型图、家具模型图的表现。

（5）鸟瞰图（图2-9）。采用俯视的角度观看物体，就像站在山上看山下的景物，能较大范围内看到空间的整体布局，适合用于场景比较大的场所，表现整体空间布局，与轴测图的表达作用相似，但鸟瞰图是透视制图的一种，有主要的消失方向，遵循透视规律。

图2-9 Stretch 软件绘制的鸟瞰图
（作者：黄秋源）

（6）彩色平面图（图2-10）。在平面图的基础上，用各种颜色来划分不同的区域，形成直观的效果，增添画面的艺术气息，增加物体的立体感，常用于园林景观规划、建筑总平面图、室内景观平面图、家居平面布局等，也可以在立面投影图的基础上添加颜色，表达特殊空间的艺术设计气息。

（7）概念草稿（图2-11、图2-12）。采用几何形体或者线条、色块等表现建筑内部空间布局、形态、语言等，适合在设计的初级阶段使用，或者是渲染设计的痕迹与笔触时，经常被淋漓尽致地出现在设计画面中。

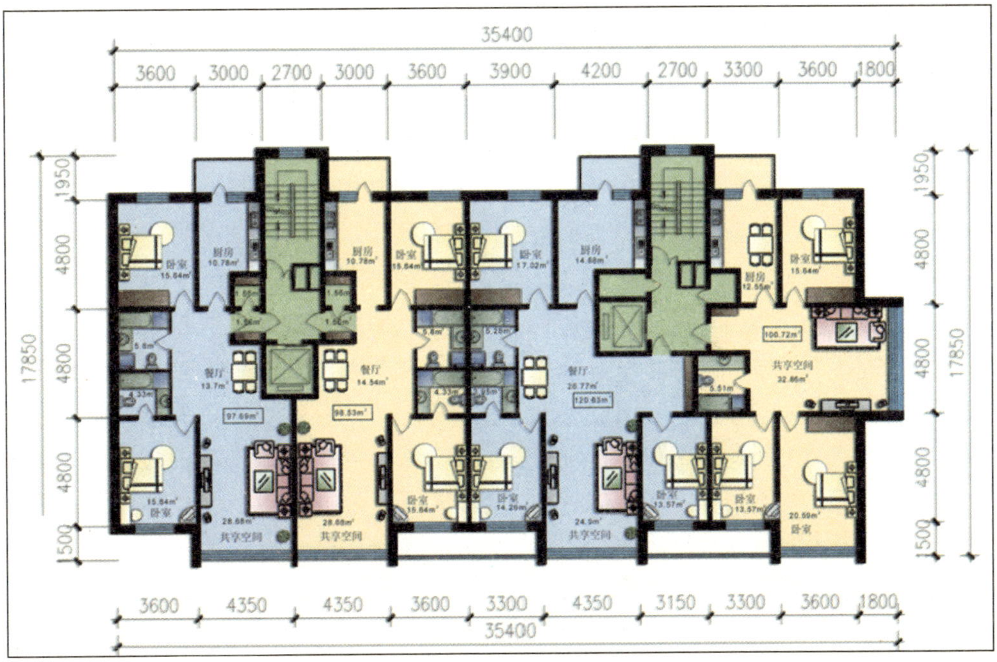

图2-10 某商品房的彩色平面图
（作者：李志）

图2-11 概念立体结构造型图

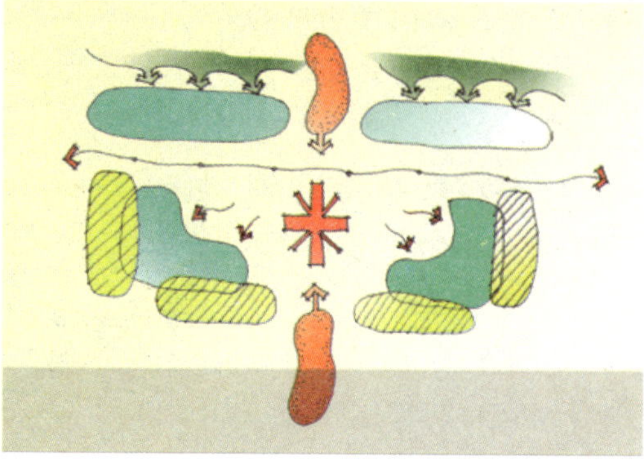

图2-12 概念功能空间组织分析图

二、文字表达

（1）设计说明、施工说明、项目创意书等。

（2）材质说明、设计方案中材料确认表包括材料的品牌、规格、等级、数量、价格等，也可以用表格的形式表达。

（3）室内设计委托合同、施工合同、委托协议等。

（4）工程造价预算、竣工决算等。

三、综合表达

室内设计的实现根据工程性质的不同还有很多表达方法，不是每个工程设计都是根据设计施工图纸进行的，我国室内装饰行业发展时间短、行业规范力度不强。随着如今房地产业的发展和城镇建设的增多，人们的需求越来越多，市场竞争越发激烈，很多家装设计公司推出的“设计套餐”或者“设计一条龙”服务、免费设计等营销手段严重影响了设计的技术与艺术含量，所以设计的表达难免出现不正规现象，如现场工程负责人指挥工人凭借经验设计并施工，或者照着样板间制作，或者是技术工人现场发挥设计等。这些现象对行业的竞争不利，导致现在装饰工程的利润降低，部分工程质量不达标等。当然这些只是个别现象，是不健康的表达方式。除此之外，正规的设计方案表达还有多媒体演示、模型制作、样板间参观、电脑三维动画演示、材料样板，市场选材等。

本章教学引导

【教学目标】

本章重点介绍了室内设计的程序，系统地分析了设计的各阶段所从事的工作，学习了设计任务书的组合内容及如何编写室内设计说明，重点学习室内设计的表达方法及手段。通过实际项目的引导，让学生懂得设计工作流程的重要性及设计表达所要求的图纸内容等，让学生的专业认识由感性过渡为理性设计，为今后的专题设计打好基础。

【教学要求】

本章通过理论讲解与工程设计项目结合的方式，模拟装饰公司工程设计流程进行以“接单”为主要形式的教学模拟，要求学生熟悉接单的过程，探索业主交流的语言技巧，并以两组互换角色的方法分别担任设计师与业主，使用手绘设计表达的方法，快速的设计方案，使学生在紧张激烈的比赛、洽谈氛围中，体味设计的价值。

【职业能力目标】

知识要点（专业能力）	方法能力	社会能力
室内设计的程序	角色互换	职业人的工作流程
设计任务书及设计说明	讲授	深厚的文字功底
室内设计的表达	案例、张贴	基本的职业技能

【问题导入】

1. 在设计的初级阶段，信息的收集与灵感的激发通常使用哪些方法？

2. 室内设计工程中，哪些设计步骤可以合并？哪些地方需要重点设计？

【知识链接】

城市规划设计、建筑设计、园林景观设计等的设计任务书所包含的项目在室内设计的任务书中有的条文没有体现，请查阅相关资料，对比后总结。

【项目任务】

项目一：教师给定空间尺寸，徒手设计方案的草图，要求至少设计出三套方案，择优进行下一步骤。

项目二：手绘精细表达此空间的透视效果图，并配以文字说明对设计理念进行表述。

【课外阅读、参考材料】

1.《建筑制图标准》（GB/T 50104—2001）

2.《CAD工程制图规范》（GB/T 18229—2000）

3. 设计吧廊 http://www.balang88.cn

4. 当代设计期刊 台湾当代设计杂志社

5. 中国室内设计在线 http://www.9s7.com

【练习题】

1. 草图表现及图解分析的训练，以设计语言的形式表达出来。

2. 设计的具体手法与形态构成的方法实质上是一致的，如何运用象征、统一、夸张、旋转、互换等手法激发室内设计中的灵感。

3. 工程项目流程图前期与工程项目后期流程图的分析对比。

【项目实施要求】

重点训练学生设计图解的分析能力、设计草图绘制能力及设计的各个阶段的设计实质及设计原则，使设计的每个阶段都是可行性的阶段创作，而不是形式美的观赏画面。

【项目实施与评估】

根据项目内容安排，评价学生的设计草图绘制，改正错误之处并示范正确的画法；采用模拟形式让学生角色互换，互相评价。

【项目规范及制作方式】

按照设计施工图的图纸内容及顺序设计方案制作。由于设计的过程是一系列的创作及表现活动，本章内容只要求学生掌握项目制作流程及设计的表达方式，项目的其他内容根据本课程教学进度设定。

【本章小结】

本章针对室内设计的流程进行重点学习，使学生明白设计各阶段需要准备的工作，并加强对设计文字作用的理解，重点应掌握室内设计基本表达方法，在学习之余进行知识积累、搜集信息、视觉想像训练等。本章的教学顺序的安排就是要求学生有提前意识，通过时间的积累进行素质的训练，掌握多项设计技能。

第三章　室内空间组织及界面设计

在日常生活中，室内空间与人之间的联系最为直接。对于建筑艺术来说，造型的整体性与各部分的比例及对称、排列、节奏、韵律等传统的审美法则，形成建筑的实体。实体部分和其他部分共同合成的空间是一个有机整体，建筑以空间为主要物质形成。人类生存及我们日常生活都需要占有生活活动的空间，空间从大到小，都无时无刻不存在着，室内空间环境的形态与质量直接影响着人们的物质生活和精神文化生活。

第一节　室内空间的分隔与限定

室内设计首先以功能为主，以实用性为重点，功能决定形式，形式反作用于功能；功能与形式相辅相成，形成室内空间的统一体。室内设计的重要任务是围绕“功能为主，形式为辅”的空间设计，重点是要先进行室内空间的规划。早期的室内设计可以追溯到原始社会时期，原始人类所居住的山洞对睡眠区与生活区也进行简单的区域划分，这就说明了人类早期就开始注重自己的居住环境，而现代社会人们对于生活环境的要求越来越高，对于环境空间观念意识进行转变，由过去的过度开采自然资源转化为爱护环境资源，维护生态平衡的状态，人们追崇健康、绿色、环保、回归自然，并努力地保护人类赖以生存的生态环境。环境的内部空间与外部空间紧密联系，人与自然结合是通过空间分隔、限定、组织等方式组合出适合人类舒适使用的室内外空间环境。

一、室内空间的定义

空间的定义角度不同，所产生的空间意义有所区别。从数学专业角度理解，空间是指实体空间与虚体空间；现代汉语里解释空间为物质存在的一种客观形式，由长度、宽度、高度表现出来；我们所研究的是在室内的空间范围内，就是指室内的物质、人、人的运动、家具、器具、环境物态等存在的客观形式，由室内界面，包括墙、柱、顶棚，以及地的长度、宽度、高度将室内空间在广袤无垠的地表大气中划分、限定出来的范围与区域。

二、室内空间的功能

室内空间的功能包括：物质功能和精神功能。

空间的物质功能主要是指室内空间内的家具摆设、交通组织、消防安全等与人生活息息相关的基本使用功能。空间本身具有大小、高矮、宽窄、形状、朝向等具有使用性能的物理环境。由于室内空间使用功能的性质和特点不同，各类建筑的主要空间的物质功能也不相同。设计者在接受设计任务时首先应该明确室内空间的使用性质，也就是“功能定位”，分析空间的使用性质，明确设计对象的物质功能和精神功能并要紧密联系在一起，但在满足物质功能的需要后，还应该考虑功能的可持续发展性。如现代电子工业的发展，促进信息技术时代的来临，室内智能化的空间设施设置越趋完善，网络家居、家庭办公等智能化、网络化系统正在提高空间的物质使用功能，技术的革新带来室内空间设计的变化，网络化、智能化带来家具功能的变化，导致家具形式上的变化，又必将带来空间分隔上的变化。可见，空间物质功能也是像事物的发展规律一样，时刻在前进与变化。

精神功能是在满足物质功能的基础上，在满足人们实际需求的同时，要满足人的文化需求、心理需求，满足人的欲望、满足人对精神生活的追求，并能体现在空间形式的处理和空间的塑造上，创建与物质功能性质相符合的室内环境氛围，使人们获得精神上的满足和享受。

掌握空间的主要性格和特点，是设计的主要思想，通过室内一切条件，如空间的体貌、形状、比例、均衡、对称、色彩、质感、韵律、家具陈设、绿化等统一变化去获得一定的艺术气息，去体现一定的气氛、情调、神韵、气势和意境，来展现空间的物质功能与精神功能的统一。在室内空间中，虽说两者的性质不同，但却又密切联系不可分割，具体地说就是精神功能必须与物质功能相适应。如住宅，是人们生活休息的场所，应该以朴素、亲切为主，形成一种温暖宁静的港湾的感觉；而纪念性建筑如博物馆、纪念堂等，则重点体现出一种庄严、严肃的气氛，以鼓舞、教育、励志为主要功能。一般来说，室内空间都必须同时满足人们对它提出的物质功能和精神感受这两个方面的要求，并且以这两方面的因素作为基本内容，来共同体现室内空间的功能性。图3-1为不同的室内空间划分，说明使用者的数量不同对于空间的使用功能和精神功能的影响。

三、空间限定

空间限定又称空间划分，是通过界面围合、材料结构尺度、比例、虚实等方面限定出来的。限定本身具有不同特点和不同的组合方式，所形成的限定感也不相同。空间的具体限定手法包括设置、围合、覆盖、凸起、下沉，以及材质、色彩、肌理变化等多种手段。

（一）限定方式

空间限定从方向上划分为水平限定和垂直限定。

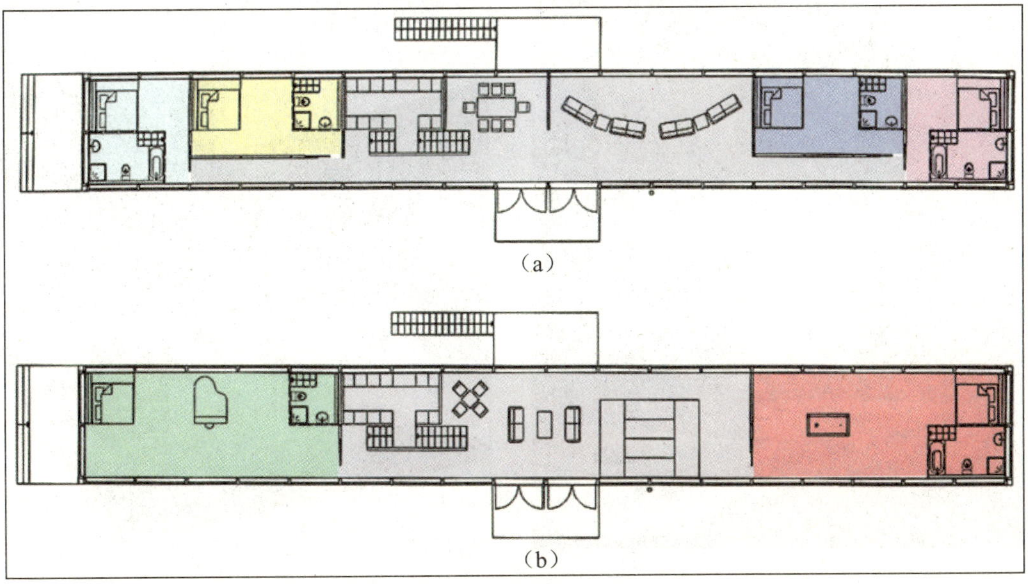

（a）

（b）

图3-1 不同的室内空间划分

（a）四对夫妇使用的空间；（b）两对夫妇使用的空间

1. 水平限定

水平限定：在一个水平方向上的空间范围，被限定了尺寸的平面就可以限定一个空间。水平方向限定要素较弱，利于加强空间的延续感，通过象征性的限定手段在水平方向基于地面平行的空间方位上进行划分，不能实现空间明确界定，通常使用抽象的提示符号划分出一块有别于其他空间的相对独立的区域。

由于限定空间的位置不同，可分为顶面及底面两种，常见的方法如下：

（1）抬高或下降地面。局部空间的抬高或下降能使统一的空间中产生一个明显的界线，且能形成明确的富有变化的独立空间。地面抬高，可以创造出向远处展望的空间，具有扩张性和展示性，便于观赏（图3-2）；地面降低会产生一种隐蔽感，具有保密性、宁静感、趣味性，使空间安定、含蓄，能形成维护感（图3-3）。

（2）夹层空间的划分。空间比较高大空旷时，可以通过建立夹层来进行空间划分（图3-4）。如建立挑台、天桥等，可以提高空间灵活多变的形式，层次感突出，为室内环境增添活跃气氛。商场、展览馆、办公空间、阁楼住宅等常用此种方法进行空间限定。如阁楼最高点可达到5m左右，最低点可能不足1m，这就可以充分利用水平限定划分出小夹层作为书房或卧室使用，不仅经济实用，还可以使空间穿插，打破空间绝对分隔的形式，是时下流行的户型，受年轻人欢迎，同时也为业主减轻购房压力。精心创意的夹层空间，会给你的家带来与众不同的时尚浪漫的效果。

（3）顶面的水平限定。室内空间顶面的造型，通常是根据房间的标高和结构进行限定的，在水平方向上通过吊顶的高

图3-2 商业展台的抬高设计，使展品能够重点突出，视觉效果好，并利于上下空间的呼应

图3-3 商业空间采用下降空间的形式来展示精品服装与设置休息区域，形成趣味的中心

图3-4 阁楼夹层空间的划分

图3-5 天棚标高的变化对顶面进行限定，地面材质的不同产生不同区域的限定

差变化作出不同视觉效果的顶面，或在顶面采用水平灯具划分出不同的区域，感觉像一把雨伞遮住阳光，伞下形成的阴凉。可以通过基面上升或下降来变化空间尺度，可以表示出一种方向性和限定感。

（4）地面铺装变化限定。在室内空间中利用地面材质颜色、质感的不同变化来限定出不同的使用区域，如商业空间环境中，通常利用材料来限定交通空间和展示空间（图3-5）。

2. 垂直限定

空间分隔体与地面基本保持垂直，垂直元素会提供强的围合感，垂直的形状比较活跃，垂直的形体，如在形状、虚实、尺度及地面所形成的角度的不同，都会产生不同的围合效果。如实体墙可以中断空间连续性，起到遮挡视线、声音、温度等作用；矮墙、矮隔断、列柱等其他形式只能隔断人的形为，不会隔断视线、声音、空间，在空间限定中起到隔而不断，相互渗透的效果。

（二）常见的垂直限定形式

1. 垂直的线要素

垂直线可以用来限定空间体积的垂直边缘，典型的如柱子（图3-6）。一根柱子在空间中不同的位置有不同的作用；两根柱子可以形成一个富于张力的面；三根柱子可以形成空间体积的角；不同数量的柱子在同一直线上的垂直线排列编织成若干虚面，起到限定和划分的作用，产生围合感，形成各种空间体积，有的空间利用柱子划分出独特的欣赏性空间，即美化了柱子表面又对空间进行了有效的限定。

2. 垂直限定面要素

用一个垂直面明确表达前后的空间，它不能完成限定空间范围的任务，只能形成一个空间的边界，要达到限定空间体积，必须与其他形式要素相互作用。如一

图3-6 柱子的特殊造型对空间进行垂直限定

个底面加一个垂直面，属于面的L造型。人在面对垂直限定元素时视线受阻，有较强的限定作用；背面朝向垂直限定元素时，有一定的依靠感。垂直的高度不同，影响视觉观察范围，当它不大于600mm高，可以作为限定一个领域的边缘，当它高于1600mm，也就是大于人的身高时，领域与空间的视觉连续性被彻底打破了，就会形成了具有围合范围的空间（图3-7、图3-8）。

3. 平行面限定

两个平行面，可以限定一个空间体积，空间动向朝向该敞口的端部。其空间是外向性的，它的基本方位沿着两个面的对称轴的方向，该空间的性格是外向的，它有动感和方向性。如形态的质感、色

图3-7 不同高度的垂直面对空间限定的程度的不同，
垂直高度超过1600mm，对空间的围合感强

图3-8 垂直面的镂空对空间限定的程度减弱，增加了活泼性

图3-9 L形面限定，使靠近角度的位置感觉宁静、安全

彩、形状有所变化，可以调整空间的形态和方位特征。多组平行面可以产生一种流动、连续的空间效果，设计时利用造型开放端对基面处理，能增强顶部构图要素，强调视觉中心。

4. L形空间限定

一个L形的面可以形成一个从转角外沿对角线向外的空间范围，这个范围被转角造型强烈的限定和围起，在内角处有强烈的内向性，外缘则变成外向。L形角内安静，有强烈的维护感、私密性（图3-9）；角外具有流动性及导向的作用。L形空间可以独立空间中，也可以与另外的空间形式要素结合，限定富于变化的空间。

5. U形面限定

U形面可以限定一个较强的空间体积，并能形成朝向开敞端的方向感，其后部的空间范围是封闭和完全限定的。开口端是外向性的，其他三个面具有独立的地位，越靠近开敞端的空间外向性特征越明显。开敞端可以带来视觉的连续性和空间的流动性，如果把基面延伸出开口端则更能加强视觉上该空间的范围进入相邻空间的感觉。例如常见的住宅户型中，有的业主把客厅与阳台地面作为同一材质过渡，或把家具延伸到阳台位置等，都是利用U形面朝开口端流动性的外向特征来加大视觉空间的。同时，U形空间底部中心具有拥抱、接纳、驻流的动势，可以利用造型或材料、色彩的变化形成视觉中心。U形造型具有向心感和较强的封闭性，沿U形墙布置物体可以形成内向性组合，满足私密性的同时又保持着开敞端的空间交流（图3-10）。

6. 四个面的围合

四个垂直面可以围合成一个完整的空间，明确划定周围的空间，是建筑空间中最典型的限定要求，也是限定方式最强的一种。四个面围合不设洞口时与其他相邻空间视觉上不产生连续感，因此在此类空间中，根据需要开设门窗洞口，或改变其中一个面的造型，使其区分明显。此种空间在建筑设计和城市景观广场设计中无处不在。门窗、洞口的尺寸及数量根据不同空间的类型进行选择，如果数量太多

图3-10 U形面的洽谈区限定,具有向心感,开口方向具有收纳作用

会削弱空间的围合感，同时会影响空间的流动方位、采光质量、视野，以及空间的使用方式和运动方式。四面围合空间的通道位置不同导致空间的使用作用不同（图3-11~图3-13）。

（三）中心限定

中心限定又称为“设立”，与维护空间相结合有静穆沉稳之感，与顶形结构结合，有笼罩辐射、吸收收拢之力。空间中单一实体会向周围辐射扩张，从外部感受上是在单一实体周围形成一个界限不明的环形空间，向周围辐射或扩张，属于一种虚拟限定形式。中心限定是一种视觉心理限定，不能明确划分出空间的形状和度量，离物体距离越近，空间感越强，例如空间中的吊灯、雕塑、柱子等都会形成聚集停留的场所，虽然说界线不明显，但可以形成一种模糊的边境的效果，形成一种心里感觉。中心限定的大小，强弱由限定要素的造型、位置、肌理、心理、色彩、体貌等客观因素和人的主观心理等多方面统合决定。例如雨伞下的空间，属于中心限定空间，人们心里感觉伞边缘下的空间属于个人空间，而实际上它属于周围环境空间，这就是暗示出一种边界模糊的灰色空间，也称为“心理空间”。图3-14中，

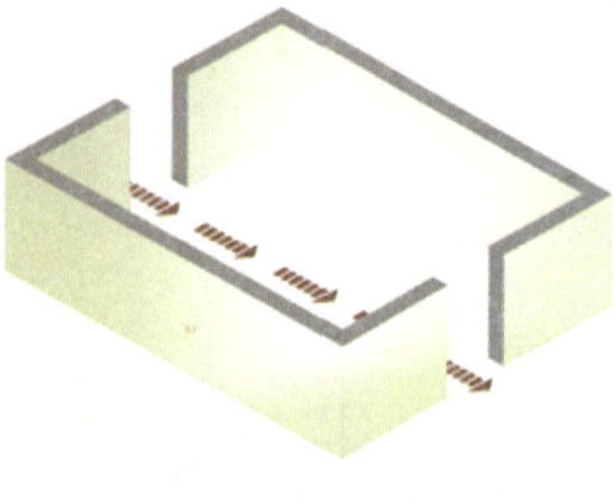

图3-11 居中通道，适合病房、宿舍、办公的空间限定

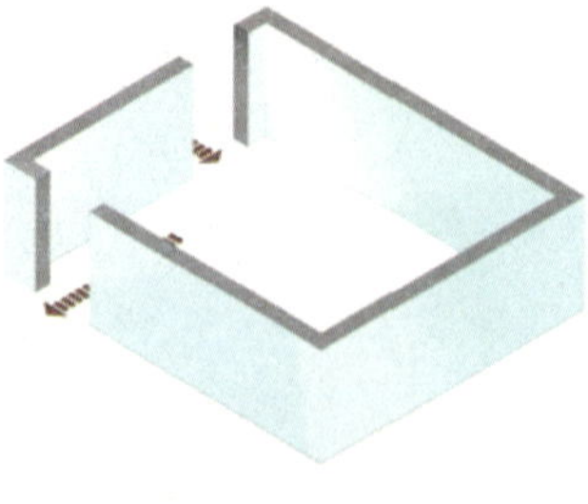

图3-12 一侧对角通道，节约路线，空间连接方便

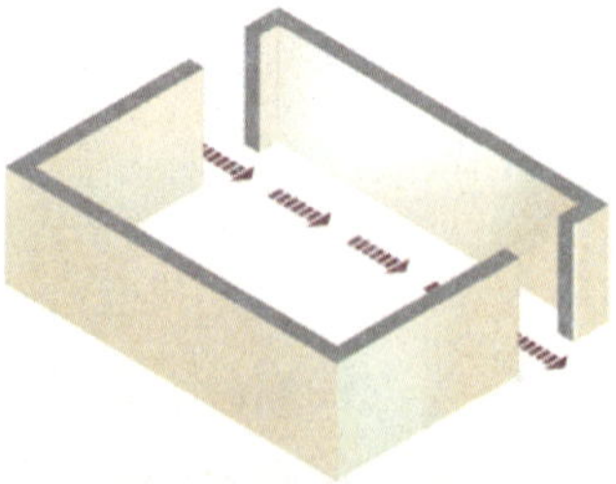

图3-13 一侧通道，适合人流少、功能简单的空间

图3-14 荷叶限定了阴凉空间
（作者：季荆菁）

图3-15 有人闯入，侵占荷叶下的心理空间
（作者：季荆菁）

小女孩手中的荷叶限定了阴凉空间，属于中心限定并且空间模糊，图3-15中，小男孩的闯入，小女孩感觉有人侵占了自己的空间，这属于心理空间现象，也属于虚拟空间范围。

四、空间分隔

（一）空间分隔的方法

1. 绝对分隔

绝对分隔空间的界面多为到顶的实体界面，常见的界面如砖混结构的墙体、轻钢龙骨石膏板的墙体、木质结构墙体等。这样分隔出来的空间界限清楚，限定程度较高，独立性、间隔性、私密性、领域性较好，但与外界流动性较差，在良好的设施下能保证良好的温度、湿度和空气清新度。常见的绝对空间形式有审讯室、档案室、仓库等机密性质的空间。

2. 局部分隔

局部分隔空间的界面不完整，空间界线不明显，空间不是完全封闭的，限定程度较低，抗干扰性能差，但此种片断的界面分隔可以使空间隔而不断，层次丰富，流动性较好。局部分隔不会同时阻隔交通、视线、声音。限定度受界面的材料、大小、强弱、形态等因素影响。此种分隔形式在空间中经常使用，像屏风、家具、隔断等都属于此类限定，虽说限定度低，隔音性、私密性等受到影响，但空间形态更为丰富，趣味性和功能性都会增强（图3-16）。

3. 弹性分隔

弹性分隔是指根据空间需要可以随时移动或启闭界面的一种分隔形式，这种分隔改变空间的大小、形状、尺度等，是较为灵活的安排空间机动性和灵活性的一种好方法。如用推拉隔断、弹簧门、升降帘、折叠门、幕帘、活动地台、活动顶棚、活动舞台背景、活动家具等搭建临时活动场所，像结婚典礼现场的红地毯也属于弹性分隔（图3-17）。

4. 虚拟分隔

虚拟分隔是限定程度最低的一种分隔方式，也称象征性分隔。其界面模糊，比较含蓄，主要通过视觉感知空间达到心理上的划分，是一种不完整的虚拟性划分（图3-18）。根据形体的暗示、风向等非实体性的因素来分隔空间，侧重心理效应和感觉，借助于室内部件及装饰元素可形成“心理空间”。心理上的存在是不可见的，但可以由实体要素推知，依靠局部形体的暗示，视觉推理空间，有时模糊，有时清晰。

（二）空间分隔常用的形式

1. 建筑结构和装饰构架

利用建筑本身的结构和内部空间的装饰构架来进行分隔，充分表现外露结构，

图3-16 纱帘限定了办公空间洽谈区和休息区，帘子的弹性作用使空间灵活多变

图3-17 以点的形式布置的沙发使空间中没有明显的界限，形成了一个活泼的休息区域

图3-18 木质造型隔断分隔了空间的接待区域和展示区域，使整个空间衔接紧密、流动感强

即利用原空间的功能部件，又免去过多的装饰，并可表现一种结构的力度感和材质的美感，同时也增加空间的层次感与功能区划分。常见的结构装饰构架形式有柱廊式、梁柱式、网架式和几何构件等，体现建筑的内在美感（图3-19）。

2. 界面分隔

利用界面的凹凸和高低变化进行分隔，如地面、天花、垂直界面、内墙、隔断等。凹入和凸出空间指空间的局部凹凸变化，可以缓解空间的单调感，凹入空间位置处于空间方位的里面，具有比较好的私密性，会形成独特的一角。凸出空间是相对于凹入空间来讲的，对内部空间而言是凹入，对外部空间而言是凸出，如现代住宅的飘窗，指的是与房屋室内连通，为增强房间采光、美化建筑造型而设置的凸出外墙的窗，飘窗结构使建筑外观优美、室内布置灵活，此类空间处理得当可以形成设计的视觉中心。

3. 隔断与家具分隔

利用隔断和家具进行空间设计，是一种非常简单的灵活多变的方法。隔断的形式是根据室内空间需要形成各种造型，其材质与整体风格相协调，也可以做成活动式隔断，方便改动，是日常生活空间环境中最常用的一种方法（图3-20）。

4. 照明分隔

利用不同的照明器具和灯光种类进行照明，通过不同光源的颜色、照度、亮度等来分隔空间。这种分隔会形成光彩夺目、流光溢彩的效果，此种方法比较奢侈，造价高（图3-21）。

5. 水体和绿化

利用水体和绿色植物分隔可以给室内空间带来灵气，同时活跃空间氛围。

图3-19 利用建筑的梁柱限定空间

图3-20 书架的L形造型和方形框架巧妙的与书桌结合，书房和客厅空间分割处理灵活

图3-21 利用排列整齐的灯具分隔出具有韵律和节奏的空间

图3-22 顶棚的水柱与地面的水池相互呼应,形成欣赏性空间及会客空间

图3-23 轻盈的白色纱帘分隔了空间，形成黑白、软硬对比

生活中以水体作为主要元素的景观有水池、喷泉、水幕等。天然绿色植物的分隔能使人得到精神满足，同时使室内空间与绿化相结合，接近自然、净化空气，从而形成绿意盎然、潺潺流水的自然生态环境（图3-22）。

6. 材质分隔

利用室内装饰材料质感对比，通过明度、纯度、冷暖、光泽度的变化形成空间分隔。

7. 陈设与装饰分隔

利用室内陈设物和装饰品分隔，常见有竹帘、珠帘、布艺、工艺品、博古架、丝绸、纱幔、等进行分隔。线帘的分隔具有烟雨朦胧的效果，具有较强的向心感，充实空间，丰富层次，是当今设计领域比较流行的软装饰分隔空间的方法（图3-23）。

第二节 空间的类型

一、开敞空间和封闭空间

开敞空间与封闭空间是相对而言的，开敞与封闭取决于空间的性质和周围的环境关系及视觉的需要。在感受上，开敞空间是外向性的，包围性、私密性较小，重点强调室内空间与周围环境的交流渗透，受外界影响比较大。开敞空间从心理上让人感觉开朗活跃，即收纳又开放（图3-24）。封闭的空间是静止而凝滞的，与周围环境的交流性较差，私密性领域较小，空间限定性较强，私密性安全性较强，易于家具布置。但封闭空间太过于沉闷，具有内向的拒绝性，一般在不影响封闭功能的情况下，常利用玻璃窗、镜面扩大空间和增加空间层次感，打破其严肃性。通常情况下，在大面积的空间范围内，要结合空间的开敞性与封闭性的需要，考虑整个空间序列。

图3-24 开敞的两个界面使视觉更宽阔,室内与室外景观互为渗透

二、动态空间与静态空间

动态空间多以与运动着的物体、人流以及变化着的画面、闪烁的灯光、跳跃的音乐等动态因素来体现出一种动感，是时间到空间结合的“四维空间”。常见的室内动感装饰元素有垂直的观光电梯、自动扶梯、动感雕塑、多媒体设备、立体声音乐、水幕墙体、滚动的壁画灯等，能体现生动活泼、欢快摇动、淋漓尽致的趣味空间（图3-25）。但长时间处于动态空间会产生烦躁不安、情绪波动的状况，因此

图3-25 儿童游乐空间在色彩、灯光、地面铺装、家具方面的动感造型设计，使空间充满活跃、跳动的氛围

图3-26 会客厅的静态布局使空间感觉很宁静

需打造出静态空间以缓解人们的心理和视觉感受。动静结合符合人们正常的生理需要，所以说静态空间的形式较稳定，空间趋于封闭，限定性的空间容易形成安宁、平衡的静态效果（图3-26）。设计中常用对称式、向心、离心等构图方法进行设计。有的空间的动与静的界限划分不明显，一些综合的信息通过我们的感官会发生时刻的变化，有的空间需要结合空间的使用性质，要灵活地判断出空间的整体感受。

三、虚拟空间与实体空间

虚拟空间又称“心理空间”。它是在已有界面围合的空间内，通过局部变化再次限定空间，主要依据形体的启示和视觉的联想来划定空间，可以借助绿化、隔断、家具、陈设、水体、色彩、材质、标高、灯光等手法进行象征性的分隔，特意造成一种含糊、朦胧的相互交叠的互相渗透的合理空间。此种手法在室内设计中处于重要地位，且与其他空间限定的方法共同打造实用性的、功能性为主的空间。虚拟空间不是孤立的，它存在于整体的空间之中，设计时要充分把握设计手法，利用各种现代科技手段及新型装饰材料创造虚拟空间。如生活中常用的镜子、玻璃、金属材料的折射会转移人们的视线，形成空间扩大的超

图3-27 利用天花材料的折射增大空间

现实感觉（图3-27）。

实体空间是由实体界面围合的具有实体界面的空间。四面围合的空间、封闭空间也属于实体空间。

四、共享空间

共享空间一般在大型的公共场所中比较容易出现，空间比较高大，为了适应各种社会活动和休闲生活的需要，配备多种空间使用功能和公共设施，人们在此空间中流动可以体会到物质和精神上的满足。共享空间具有服务性、功能性、休息性、欣赏性、娱乐性等多种性能，是一个综合性的多元化灵活空间。如商场的中厅、宾馆的大堂、宾馆的中心的娱乐区域等，都是空间大中见小、小中见大、内外互相穿插、渗透的空间形式，且与室外环境、自然景物、水体、音乐、人流活动等共处一室，使空间富有动感，真正体现出空间的“共享”（图3-28）。

图3-28 宾馆大堂空间设置了休闲区域，空间共同享受，互为渗透

图3-29 阅览室母子空间

五、母子空间

在大空间中，用实体或象征性的手法分隔出来的小空间，常用虚拟象征布置形成层中层、楼中楼、座中座的空间格局。常采用封闭与开敞相结合，但要注意分隔的比例，形成大小包容对比，如大办公室内的部门办公室、老板办公室外的文秘办公室、餐厅中的包间等，都属于母子空间的分隔形式（图3-29）。

六、悬浮空间

在空间局部的垂直面上悬吊或悬挑出的小空间凌驾于大空间的半空中，使空间更为活泼，突出空间的性格，并具有趣味性，是打造空间亮点的方式之一。悬浮的元素经常是吊顶、工艺造型、卡通造型、主题元素、几何形体、灯具、织物等（图3-30、图3-31）。

图3-30 北方某大型商场共享空间采用雪花、冰的造型悬挂，体现了地方特色和增加了趣味性

图3-31 空间中采用抽象几何形体悬浮设计，增加了现代感

第三节 室内空间的组合与序列

在一幢建筑物内的各个房间，功能或多或少存在一定的联系，必须根据建筑物的功能联系特点来选择与之相适应的空间组合形式。在组合空间时，综合、全面地考虑每个房间之间的功能联系，并把所有的房间都安排在最适合的位置上，才会产生合理的布局。

一、空间组合的形式

（一）空间组合形式的定义

空间组合形式是根据若干个空间是以什么方式衔接在一起的，建筑空间内部要善于根据功能特点来选择合适的空间形式进行组合。

（二）常见的空间组合方式

常见的空间组合方式包括线形空间组合、集中式空间组合、网格式空间组合、串联与并联式空间组合、自由式空间组合。

1. 线形空间组合

线形空间组合形式一般也称为走廊式空间组合。特点：空间与空间之间借走廊来联系，本身没有连通关系，使用空间与交通空间明确分开，保证各使用空间的安静、不受干扰。走廊可长可短，可连接的空间可多可少，这样连接具有较强的灵活性、方向性。走廊式空间组合的优点：走廊的使用频率高，平面紧凑。缺点：部分房间的朝向差，通风差，走廊暗。此种空间形式适用于宿舍、办公楼、学校、医院、疗养院、博物馆、影剧院等建筑的内部空间组合（图3-32）。

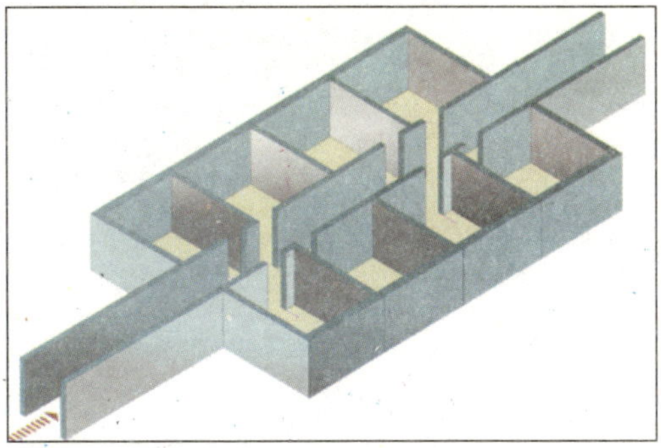

图3-32 线性空间连接两侧空间,交通与空间分离,互不干扰,线形表达方向性,具有运动、延伸性,但走廊长度不能太长

2. 集中式空间组合

由一些次要空间围绕一个中心面构成的主导空间称为集中式空间组合。特点：具有稳定的向心式结构，各空间衔接使用灵活，也可以称为放射性空间组合，具有聚中性与分散性，总体保持空间静态或动态的均衡。这种组合形式可以简化的理解为通过一个大厅把各主要使用空间连接在一起，起到空间内部主要的交通中枢，起到集中与分散人流的作用。此种空间组合要求中心空间尺寸足够大，能够将其他次要空间集中在周围，交通路线可以是辐射式、螺旋式的。此种空间组合适合于人流比较多的车站、图书馆、飞机场等空间环境（图3-33）。

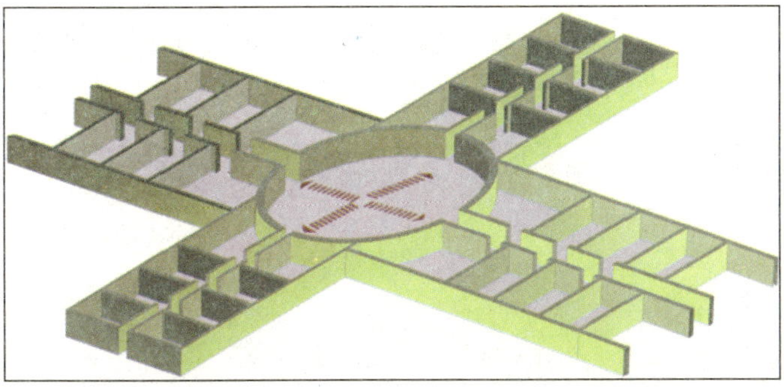

图3-33 集中式空间可以用广厅的形式连接各使用空间，是人流集散的中心，是一个空间的中枢，地位突出

3. 网格式空间组合

相同图形规则的连续组合是形成网格的因素，网格式组合的空间尺寸、形状或功能各不相同，仍能合为一体，并形成一个共同的空间关系。在建筑物的功能空间中按照骨架结构体系的梁柱关系建立起来的空间是网格式组合常见的形式。这也是套间的一种空间组合形式，把交通空间与使用空间合为一体，被分隔的空间直接连通、关系紧密，柱网及结构的整齐排列，有利于交通路线的组织。很多大型的厂房、大型的商场适合用此种手法，在重复的网格中可以通过增加、消减或层叠进行局部的变化。为了特定空间的要求，可使网格在一个或两个方向呈现不规则式，也可以进行旋转、中断、偏斜，通过不断的变化形成点到线、线到面、面到体的变化。此种组合形式使室内空间轮廓划分规整又富于变化（图3-34）。

4. 串联与并联式空间组合

串联式组合是指形式相同的或不同的空间按一定的顺序一个接一个的互相串联，首尾相连，形成一个整体，也称“线性组合”。主要使用空间的各部分与通道空间直接连通，方位上后面空间须经过前面空间，依次地按照各部分空间通过，使空间关系紧密，并且具有明确的顺序性和连续性。比较适合医院、火车站、展览馆、陈列馆等建筑室内空间（图3-35）。在垂直方向上把各空间竖直方向串联在一起就形成高层建筑空间。套间式也属于此种形式，没有专门的交通空间，按照功能使房间串联。

并联式组合是指把具有功能、性质、结构、尺寸相同的空间用重复的方式并联在一起的组合方式。其形成简便快捷的空间布局，且在形态上相近，没有主从关系，根据使用要求设置使用性质，适合用在功能相对单一的建筑室内空间中，如教室、宿舍、病房、旅店、客房、幼儿园等。

5. 自由式空间组合

在一个完整的大空间内自由灵活地分隔空间，分成若干个部分并互相穿插贯通，彼此之间没有明确界线，独立性、私密性较差，打破常规的建筑空间组合的机械性，空间设计布局更加灵活，是个性创意化空间常使用的方法，适合用于展览馆、娱乐场所等（图3-36）。

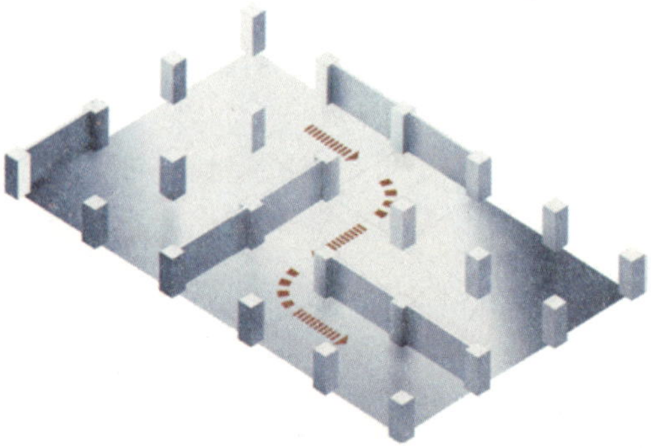

图3-34 利用柱子的结构组织空间，路线明确，空间内的其他界面容易统一处理

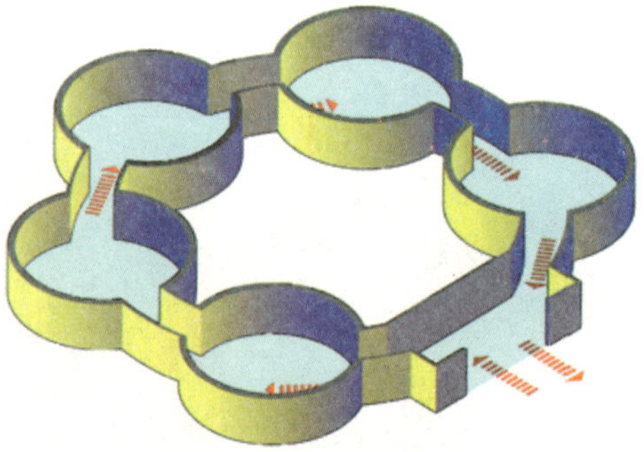

图3-35 串联式组合把交通空间寓于使用空间内，使各主要空间首尾联系紧密，连贯性好

二、空间组织关系

1. 包容性空间

一个大的封闭空间包含小空间，两者之间在视觉上产生连续性。但空间尺寸差别很大，大空间必须在尺寸上有优势，小空间越大，其外围的空间压抑感越强，因此要适当的改变小空间的形状、方位，可以增强小空间的视觉地位，形成富有动感特征的空间氛围。此种大空间包容小空间的形式也叫“母子空间”，是能较好地体现群体与个体关系相互融合的一种空间类型（图3-37）。图3-37（a）空间的尺度适宜，图3-37（b）小空间尺寸大，大空间的外围空间越压抑，适当的处理小空间的比例，可以组合出融洽相处的空间类型。

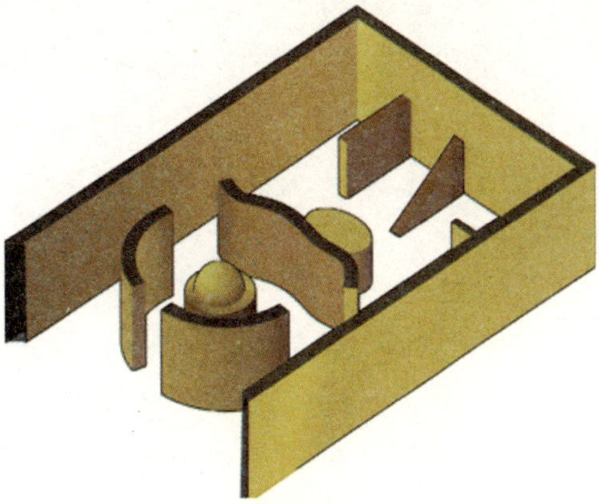

图3-36 空间自由穿插,没有特定的界限,交通流动感自由,分离的形体灵活,可以利用各种造型手段组织空间

（a）　（b）

图3-37 大的封闭空间中包含另一个空间，是对大空间二次限定

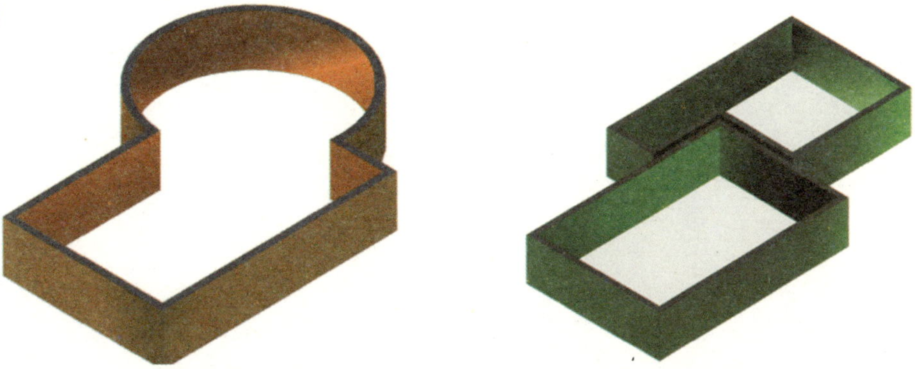

图3-38 两个空间相互穿插组合形成一体，但不破坏各自的相对的完整性

2. 穿插式空间

一定范围内的两个空间相互叠加形式的公共区域，且在不破坏原来空间的完整性的基础上形成一个有机的整体（图3-38）。

3. 对接式空间

多个不同形态的空间，根据面的形状以对接形式进行组合，也可进行实体的连续，形成一个单一的独立面，保持相互连续性的复合空间，具有灵活性、延伸性，也可以利用柱子来分隔，使空间具有连续性和渗透性（图3-39）。

4. 过渡性空间

相邻的两个或多个空间可以由一个过渡空间进行连接，主要起承上启下，心理缓冲的作用。此空间体量上较小，为了衬托空间由大到小，再由小到大或高低明暗等方面的一些过渡，空间重叠部分可以根据功能的结构形式要求归属于相邻空间的过渡。空间尺寸、形状、形式等都可以由所联系的空间决定，连接物的造型在连接过渡位置中起到引导、暗示、过渡的作用，过渡空间的设置要灵活、巧妙，不可生硬（图3-40）。

5. 综合式组合

在空间组织关系上，根据空间功能、形式、大小、用途、比例等灵活机动的进行空间组合，达到特殊建筑的需要，并形成了空间的变化与协调。空间的组合划分应根据主体部分的位置划分，并取决于室内空间的主要人流路线。例如，休闲娱乐场所的空间就会运用很多种类的组合形式。

6. 重复性空间

重复空间是指同一空间的连续出现，相同的单元形式空间按照一定节奏感协调统一地进行重复排列，形成一定韵律，但不适当的重复会使人产生单调乏味的感觉。在空间组合设计中，要使用多种空间组合形式相搭配，形成空间的变化与统一、对比与协调、并且相辅相成、在统一中寻找变化。

三、空间组合设计的原则

（1）功能分区明确。

（2）交通流线组织简明，使用就近通道。

（3）空间布局紧凑，充分利用空间。

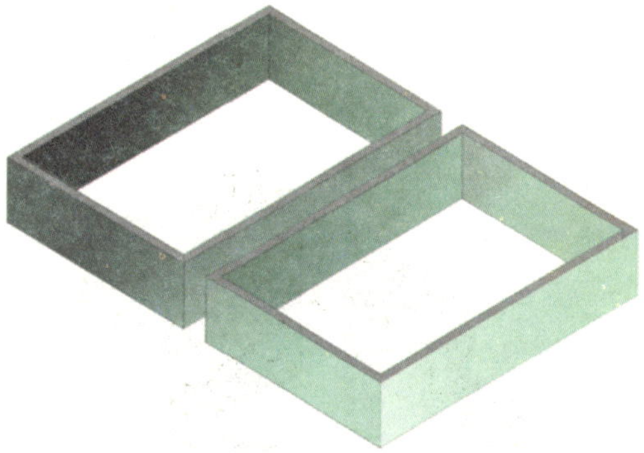

图3-39 两个独立的空间以对接的方式组合，空间的独立程度和连续程度取决于邻接部分的限定要素特点

图3-40 两个界面交融渗透的方式组合，重叠部分可以根据功能为各个空间所共有，也可以划分为一个空间的一部分

（4）灵活性与规定性辩证统一。

（5）兼于创造室内物理环境、温度、通风、湿度等适宜。

（6）保证消防安全和交通疏散安全。

（7）提高空间经济性。

（8）满足人们精神需要。

四、空间序列

（一）空间序列的含义

空间序列是指空间环境先后活动的顺序关系。为了使空间的主题突出，综合运用对比、重复、过渡、衔接、引导等空间处理手法，把各个空间按顺序、流线、方向等进行联系，把个别的独立的单元空间组织成统一变化的复合空间。

（二）空间序列特点

（1）满足物质功能需要。

（2）空间的连续性和时间性是空间序列设计的必要条件。

（3）人在空间内活动时感受到的精神状态是空间序列设计的基本因素。

（4）空间序列形式取决于建筑的性质、规模、地形等。

（5）符合使用功能和人的活动规律，将空间组合和人的活动流线有机结合。

（三）序列的过程

如图3-41所示，空间序列分为以下几个阶段。

1. 起始阶段

序列的起始就像音乐的前奏，是序列的开端，预示着将要展开的心理推测，首先应组织主要人流趋向，对其他次要人流路线处理应服从于主要人流，起到烘托作用，过渡好室内与室外空间的关系，才能把人流导入室内，同时要考虑到与后面空间的衔接。

2. 过渡阶段

过渡阶段是连接起始阶段与高潮阶段的中间环节，在整个空间序列中起到承前启后的作用，可以使用空间的引导与暗示的手法，让人流产生一种自然过渡的感觉，让人们不知不觉地从一个空间走到另外一个空间。不管是在水平方向还是垂直方向上都要选择合适的交通方式，发挥交通的引导作用。

3. 序列的高潮

序列的高潮是序列中的主体，是空间结构的中心，是众多空间层次的烘托、引导、过渡后形成的最佳的感受，是使空间序列期待出现的最精彩的场景，也是空间设计的精彩高潮之处。

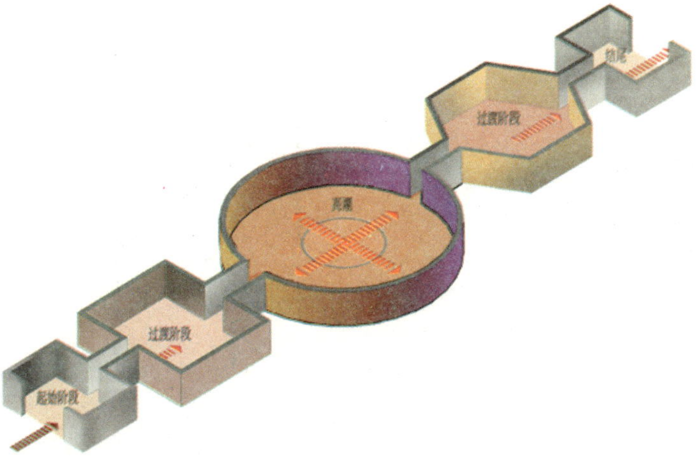

图3-41 若干个空间组织在一起，在运动中才能看到各空间的联系，涉及到整体空间的布局，从起始阶段到结尾的过程，空间通过对比变化、重复再现、衔接与过渡、引导与暗示等多种手法建立一个完整的空间序列

4. 序列的结尾

序列的结尾处于缓解阶段的不可缺少的部分，由高潮向平静的过渡，使人产生享受、回味的心理感受。

第四节 空间的内部处理

一、室内空间的形式处理

室内空间种类可分为单一空间和复合空间两种。

单一空间指构成建筑内部的最基本单位，是比较独立的一个集使用功能和精神感受一体的单一环境。

具体空间形式处理包括以下几个方面：

（1）空间体量与尺度处理。

（2）空间形状和比例处理。

（3）空间围与透的关系处理。

（4）空间分隔处理。

（5）室内界面处理，界面指天花、墙面、地面等。

（6）材料的色彩、质感的处理。

尺度过大、过小、适度的空间给人的感受不同，如图3-42~图3-44所示。

复合空间是针对单一空间来定义的，也就是多空间的组合，我们生活的室内空间不可能只是一个，空间使用功能是需要多个空间共同实现的。

具体形式处理包括以下几个方面：

（1）空间的对比与变化。

（2）空间的重复与再现。

（3）空间的衔接与过渡。

（4）空间的渗透与层次。

（5）空间的引导与暗示。

（6）空间的序列与节奏。

二、室内界面的处理

（一）室内界面的定义

室内界面指围合室内空间的底面、侧面和顶面，通常指的是室内的地面、墙面、顶面。界面是由不同形体的形态表现出来的，常见面的形态分为平面和曲面。平面包括垂直面、水平面、斜面；曲面包括弧形面、穹顶形面、螺旋面、自由面等。

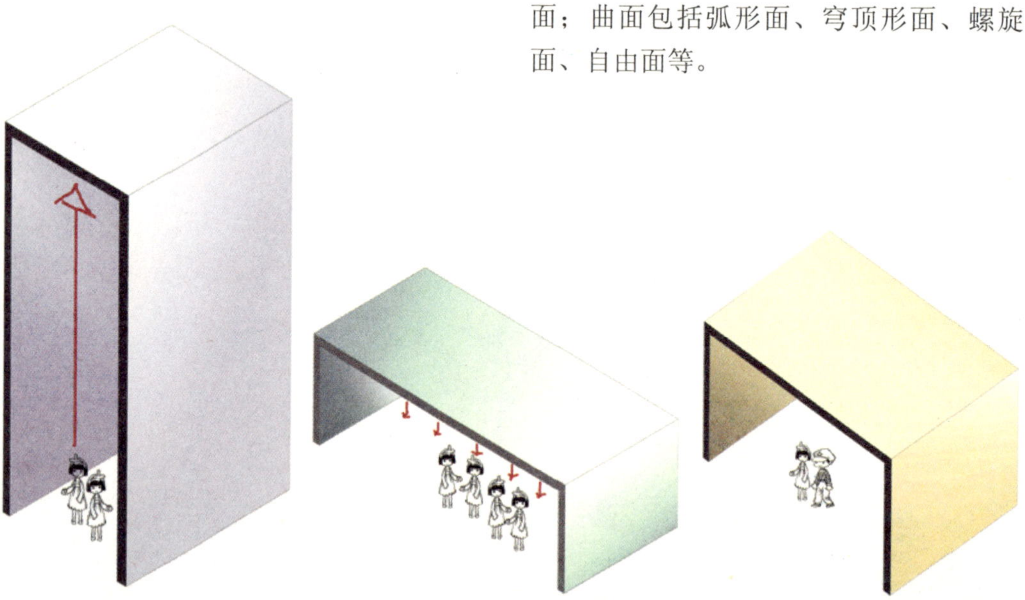

图3-42 尺度过大的空间容易产生空旷感、恐惧感

图3-43 尺度过小的空间给人压抑感

图3-44 尺度适度，空间使用舒适

（二）室内界面的功能要求

（1）底面（楼、地面）——耐磨、防滑、防水、防静电、易清洁的功能要求。

（2）侧面（墙面、隔断）——具有挡视线，较高的隔声、吸声、保暖、隔热等要求。

（3）顶面（平顶、天棚）——满足质轻，光反射率高，较高的隔声、吸声、保暖、隔热等要求。

（三）室内界面处理考虑的因素

（1）室内界面的处理，首先考虑功能技术要求。

（2）界面处理充分考虑造型和美观要求。

（3）综合、整体地考虑室内环境气氛，空间实体界面，空间形状的感受和视觉感受等，包括空间的采光、照明、材料、色彩，界面本身的形状、比例、图案肌理等（图3-45）。

图3-45 通过天花、墙面和地面造型及线型方向的把握,使人的视线集中在通道空间,并引导到其他空间

（四）室内界面处理的原则

（1）风格要求统一。

（2）主次分明。

（3）渲染的气氛一致。

（五）各界面的处理手段

1. 顶面

空间的顶界面最能反映空间的形状及空间的高度变化。常规的对空间顶界面处理方法是通过升降界面、产生高差，使空间关系明确；使用灯具的造型、发光效果等进行艺术处理也是顶面处理的方法之一；顶面处理还可以通过不同的材料质感加以区分；顶面也可以与墙面整体处理，增强统一效果。顶面处理手段很多，目的是起到遮盖、美观、秩序、突出重点和中心的效果（图3-46、图3-47）。

2. 墙面

墙面在室内空间中所占的比例最大，墙面的垂直造型的形状直接影响空间装饰的最终效果，墙面的空间形状、质感、纹样及色彩的设计是侧面处理常用的方式，另外通过垂直墙面的转折、穿插、弯曲等也是造型处理的主要手段。如通过墙面纹理横向竖向划分，可使空间产生不同的视觉效果；曲面在造型墙面具有空间导向性效果，指引人们向另外空间过渡；自由形体墙面造型使空间灵活多变，夸张、主题效果明显，并具有很强的个性与趣味性，但自由形体造型方向感不强（图3-48~图3-51）。

3. 地面

地面的处理常用不同种类的地面材料根据使用需求平铺、搭配、拼花、穿插等处理；也可以根据空间的结构的特点，提高或降低地面高度来区分不同区域；地面也可以与墙面整体化一处理或者通过地面局部灯光分隔来处理（图3-52、图3-53）。

图3-46 天花使用藤枝条编织成镂空图案，吊顶高差的变化分隔出不同区域，灯光透过藤条，像闪烁的繁星，渲染出浪漫的休闲环境

图3-47 顶面的横向划分处理和利用灯具的造型对空间布局有效地组织，并且顶面与地面形状与颜色相互呼应，室内家具利用材质的对比等，这些周到的考虑突出细腻、张扬的办公空间

图3-48 墙面模仿蜂窝的造型与天花的方格连接一体，突出“蜂巢”建筑的主题

图3-49 墙面的自由造型，可增加空间的梦神秘感觉，此种墙面造型施工难度大

图3-50 墙面造型向水平方向延伸，增加深度空间，视觉上使空间高度变低，适合空间较空旷的场所使用，给人以安定的感觉

图3-51 墙面线条与纹理纵向划分，可增加空间的高耸感，使人产生兴奋的情绪，适合空间举架较低的空间

图3-52 地面通过材质的不同划分出通道空间和办公空间

图3-53 地面材料与墙面及天花相呼应，通过材质的横竖拼贴形成灵动的空间效果

本章教学引导

【教学目标】

室内空间设计相关知识是本教材的重点章节，本章系统地介绍了空间的分类、空间的分隔与限定、空间的组织与序列、室内空间的内部处理几个知识点，并穿插实际案例图片及概念分析图，使抽象、难理解的知识点简化处理。通过本章的学习，使学生掌握基本理论，并形成感性认识，延伸到设计方案中，完成实践项目任务的训练。

【教学要求】

本章通过多媒体课件教学、小组项目研讨、综合知识抢答、快速设计比赛等方法，使学生吸取理论营养的同时，消化吸收并指导实践，重点是为了完成设计项目任务，提升学生学以致用的能力，理论课程的学习不是最终目的，教学中运用情景教学模拟装饰公司进行设计任务的实施。

【职业能力目标】

知识要点（专业能力	方法能力	社会能力
室内空间的分隔与限定的方法有哪些	讲授法	室内内部空间的处理能力
常见的室内空间的类型是什么	案例法	面对实际工程的空间处理能力
室内空间人如何组织规划	行动导向	平面空间的组织与划分能力
室内主要界面的处理手段是什么	项目教学法	室内界面的效果设计

【问题导入】

1. 在空间的种类与分隔限定的方法中，应该注意哪些实际技术上的问题？

2. 大面积的空间场所，如何设计能达到室内界面的统一与完整？

3. 查阅资料，中国古代建筑及园林景观设计是如何运用空间的序列规划设计空间的？

【知识链接】

室内空间的点、线、面内容，本章没有讲解，请根据平面构成理论知识，结合室内空间组织等知识点，分析空间中的点、线、面构成分别指的是什么？如何运用？

【应用案例】

项目一：设计面积为90m^{2}左右的一户家居住宅，根据项目任务书的内容，进行空间内部分隔与规划，按比例放图，并绘制标准的图纸。

项目二：运用本章所学的室内界面处理知识，设计此户住宅室内的电视墙面，并绘制施工图。

项目三：设计此空间中的顶面、墙面、地面，并画出施工图及节点图。

【课外阅读、参考材料】

1.《室内设计与装饰》
出版社：重庆大学出版社
著译者：金珏

2. 集美组
http://www.newsdays.com.cn

3.中国室内设计在线
http://www.9s7.com

4.中国室内装饰论坛
http://www.8848bbs.com

5. 中国设计书店
http://www.cn-design.cn

【练习题】

1. 空间的形状、大小、体量给人不同的心里感觉，分析方形、圆形、三角形、螺旋形、曲线型给人的视觉及心理感受？

2. 平面空间组织与功能空间的关系是什么？二者怎样设计协调才能达到功能与形式的统一？

3. 拟定不同种类的空间结构类型进行分隔与组织，重点练习公共场所空间布局划分，及内部空间的不同处理手法。

【项目实施要求】

掌握室内空间的分隔限定方法、空间的组织等理论知识的同时，还要灵活运用到现实方案中，举一反三，能判断出单一空间或复合空间的使用需求和处理手段，达到空间的合理设计及实施。

【项目实施与评估】

1. 课上所讲理论知识，以一个教学模块为考核阶段，进行回顾并及时解决学生问题，培养学生快速解决问题的能力。

2. 课堂作业采用小组互相评价的方法，教师指导，反复修改，达到学生满意。

【项目规范及制作方式】

运用徒手绘制草图的方法，多练多想，方案思考阶段，要手脑合一，至少推敲出三套方案，择优选择方案，养成“一题多解”的习惯。

【本章小结】

本章针对室内空间相关的知识重点阐述，并融合实际案例进行分析讲解，结合单元项目任务进行课堂教学模式设置，最终的教学效果是让学生达到“学与做”的统一。本章第一节介绍了空间的分隔与限定，了解水平空间、垂直空间等的限定方法；第二节介绍了空间的类型，针对常见空间的特性进行分析；第三节介绍了室内空间的组织与规划，重点讲解了空间组织的原则，空间的序列的过程与运用，是知识点较难理解的一节；第四节介绍了空间的处理，重点强调界面处理的方法及手段。通过本章的学习，今后学生对大小空间的平面及整体布局有了灵敏的思维模式和独特的创作角度。

第四章 室内设计色彩

第一节 色彩的基本知识

一、色彩的基本概念

1. 色彩的来源

由物体光波反射率和光源的发射光谱决定，色彩是通过光的反射，反映到人眼中而产生的视觉现象。

2. 色彩的分类

色彩包括两种类型：无彩色和有彩色。

无彩色：即黑、白，以及由此二色混合而成的不同明度的灰色。

有彩色：无彩色以外的颜色，红、黄、蓝三种颜色称为三原色，其他颜色都是这三种颜色调和所产生的。

3. 色彩的三要素

（1）色相：色别，指各种颜色的名称。

（2）明度：色彩的明暗程度，又称光度。

（3）彩度：色彩的纯净饱和程度，也称纯度、饱和度。

4. 色彩的混合——调色

（1）原色：红、黄、蓝。

（2）间色：两种原色、调配而成。

（3）复色：两种间色调配而成。

5. 色调

（1）冷、暖色调：据设计对象使用性质确定设计主色调。

（2）互补色调：一种原色与间色之间的对比关系。

（3）调合色调：相邻色相间的类似关系。

二、色彩的含义与情感

1. 红色

红色是热烈、冲动、强有力的色彩，容易引起注意，具有较佳的明视效果，常被用来传达有活力的、积极的、热诚的、温暖、前进等含义的企业形象与精神。另外红色也常用作警告、危险、禁止、防火等标示用色，人们在一些场合或物品上，看到红色标示时，常不必仔细看内容，就能了解警告危险之意。在工业安全用色中，红色即是警告、危险、禁止、防火的指定色。

大红色色彩鲜艳，常用在跳跃的点的位置，如红旗、红丝带等；浅红色一般较为温柔、幼嫩，常用新房的布置、孩童的衣饰等；深红色一般可以作衬托，有比较深沉热烈的感觉。红色与浅黄色最为匹配，大红色与绿色、蓝色（尤其是深一点的蓝色）相斥，但色彩面积得当的话，会

图4-1 红色的色彩搭配

出现意想不到的效果（图4-1）；与奶黄色、灰色为中性搭配。

2. 橙色

橙色又称橘红色或橘黄色，是欢快活泼的光亮色彩，是暖色系中最温暖的色，它使人联想到金色的秋天丰硕的果实中香、甜、略带酸味的色，使人感觉充足、饱满、成熟、有营养，是一种富足、快乐而幸福的颜色。橙色又是霞光、灯火、鲜花色，具有明亮、华丽、健康向上、兴奋、温暖、愉快、芳香、辉煌的意义。橙色明视度高，在工业安全用色中，橙色是警戒色，如火车头、登山服装、背包、救生衣等。在室内设计中橙色一般可作为喜庆场所的主体颜色，适合快餐店、娱乐场所、儿童房餐厅等空间，照明的灯光颜色偏橙色，能使食物色彩更加诱人，可以增加食欲。

橙色稍稍混入黑色或白色，会变成一种稳重、含蓄又明快的暖色，但混入较多的黑色，就成为一种烧焦的色；橙色中加入较多的白色会带来一种甜腻的感觉。橙色与浅绿色和浅蓝色相配，可以构成最响亮、最欢乐的色彩。橙色与淡黄色相配有一种很舒服的过渡感。橙色一般不能与紫色或深蓝色等量相配，这将给人一种不干净、晦涩的感觉。

3. 黄色

黄色是色彩明度最高的颜色，它灿烂、辉煌，有着太阳般的光辉，象征着照亮黑暗的智慧之光，并给人以丰硕、甜美的感觉，同时也是一种吸引食欲的颜色。黄色有着金色的光芒，象征着财富和权利，它是骄傲的色彩，帝王及宗教领袖以黄色为服饰的主体色调，宫殿与庙宇以金、黄色为主体色彩，蕴含崇高、智慧、神秘、华贵、威严和慈善的象征含义。黄色同时也有酸涩、颓废、病态和反常一面。在工业用色上，黄色常用来警告危险或提醒注意，如交通标志上的黄灯，工程用的大型机器，学生用的雨衣、雨鞋等。

黄色在黑色和紫色的衬托下可以达到力量的无限扩大，黄色与绿色相配，显得很有朝气、有活力；黄色与蓝色相配，显得美丽、清新；淡黄色与深黄色相配显得最为高雅。淡黄色几乎能与所有的颜色相配，但如果要醒目，不能放在其他的浅色上，尤其是白色。深黄色一般不能与深红色及深紫色相配，也不适合与黑色相配，因为它会使人有脏兮兮的感觉。

4. 绿色

绿色是最有生机和活力的颜色，同时代表了安全、青春、幼稚、自然、环保等，绿色具有旺盛的生命力，是能表现活力与希望色彩。在商业设计中，绿色所传达的清爽、理想、希望、生长的意象，符合了服务业、卫生保健业的要求，在工厂中为了避免工作时眼睛疲劳，许多工作的机械设备也是采用绿色，一般的医疗机构场所，也常采用绿色作为空间色彩规划，表示医疗用品。

鲜艳的绿色是一种非常美丽、优雅的颜色，它生机勃勃，象征着生命。绿色宽容、大度，几乎能容纳所有的颜色。绿色的用途极为广阔，无论是童年、青年、中年，还是老年，使用绿色决不失其活泼、大方，在各种装饰中都离不开绿色，绿色还可以作为一种休闲的颜色。绿色中渗入黄色为黄绿色，它单纯、年轻；绿色中渗入含灰的绿色，仍是一种宁静、平和的色彩，就像暮色中的森林或晨雾中的田野；深绿色和浅绿色相配有一种和谐、安宁的感觉；绿色与白色相配，显得很年轻；浅绿色与黑色相配，显得美丽、大方。绿色与浅红色相配，象征着春天的到来（图4-2）。

图4-2 绿色主调

图4-3 蓝色主调

5. 蓝色

蓝色是博大的色彩，辽阔天空和大海的景色都呈蔚蓝色，蓝色是永恒的象征，它是最冷的色彩。纯净的蓝色表现出一种美丽、文静、理智、安详与洁净。现代人把它作为科学探讨领域，蓝色成为现代科学象征色，给人以冷静、沉思、具有理智、准确的意象。在商业设计中，强调科技，效率的商品或企业形象，大多选用蓝色当标准色或企业色，如电脑、汽车、影印机、摄影器材、医院、卫生设备的装饰，或者夏日的衣饰、窗帘等。在商业美术中，蓝色不能引起食欲，却能表示寒冷，成为冷冻食品标志色。另外蓝色也代表忧郁，这是受了西方文化的影响，这个意象也运用在文学作品中体现。

由于蓝色沉稳的特性，不同的蓝色与白色相配，表现出明朗、清爽与洁净（图4-3）；蓝色与黄色相配，对比度大，较为明快；大块的蓝色一般不与绿色相配，它们只能互相渗入，变成蓝绿色、湖蓝色或青色，这也是令人陶醉的颜色；浅蓝色与黑色相配，显得庄重、老成、有修养。深蓝色不能与深红色、紫红色、深棕色与黑色相配，因为这样既无对比度，也无明快度，只有一种脏兮兮、乱糟糟的感觉。

6. 紫色

由于具有强烈的女性化性格，代表浪漫、爱情，它美丽而又神秘，给人深刻的印象，它既富有威胁性，又富有鼓舞性，紫色是象征虔诚的色相。在可见光谱中，紫色波长最短，穿透力较弱，眼睛对紫色光的细微变化分辨力弱，容易感到疲劳。

紫色处于冷暖之间游离不定的状态，加上它的低明度性质，构成了这一色彩心理上的消极感。紫色不能容纳许多色彩，但它可以容纳许多淡化的层次，一个暗的纯紫色只要加入少量的白色，就会成为一种十分优美、柔和的色彩。灰暗紫色则是伤痛、疾病的联想，容易造成心理上忧郁痛苦和不安，同时淡紫色容易让人联想到鱼胆的苦涩，具有表现苦、毒、恐怖的功能。

7. 褐色

褐色通常用来表现原始材料的质感，如麻、木材、竹片、软木等，或用来传达某些饮品原料的色泽与味感，如咖啡、茶、麦类等，或强调格调古典优雅的氛围。褐色包括在土色系列中，土色是指土黄、土绿、赭石、熟褐一类的可见光谱上没有的混合色，它们是土地的色，给人感觉博大、稳定、 沉着、 保守、寂寞，这也是强健的劳动者与运动员的肤色，不怕烈日苦寒、风吹雨淋，刚劲、健美。这些颜色是很多植物的果实与块茎的色，充实、饱满、肥美，给人类以朴素、实惠和不哗众取宠的印象。土色系列用在室内空间中能烘托出环境的高档。不仅木制材料土色成分多，各种壁纸的颜色中，土色占的比例也比较多，老人居住的空间、办公空间等场所都适合此种颜色为主体系，当然还需要其他颜色互相搭配才能起到室内空间颜色调和统一的效果。

8. 白色

白色象征纯洁、神圣、洁净，具有高级、科技的意象，通常需和其他色彩搭配使用，纯白色会带给人寒冷、严峻的感觉，所以在使用白色时，都会掺一些其他的色彩，如象牙白、米白、乳白等。白颜色的色彩心理有很大的差别，在中国有戴白花、挂白色挽联、送白花圈的习俗，这里白色突出一个素字，表示对死者尊重、同情、哀悼缅怀，由于白色与丧事习惯性联系，有哀伤与不幸的感觉；在西方，特别是欧美，白色是结婚礼服的色彩，表示爱情纯洁与坚贞。在室内设计领域，白色是永远流行的主要色，可以和任何颜色作搭配。

9. 黑色

黑色具有高贵、稳重、绅士、科技的意象，许多科技产品的用色，如电视、汽车、摄影机、音响、仪器的色彩，大多采用黑色。黑色具备积极和消极意义，漆黑之夜或漆黑的地方，人们会有失去方向，失去办法，阴森、恐怖、烦恼、忧伤、消极、沉睡、悲痛，甚至死亡的印象，这是消极类。其次是积极类，黑色使人得到休息、安静、沉思、坚持、准备、考虑，显得严肃、庄严、坚毅。在其他方面，黑色有庄严的意象，也常用在一些特殊场合的空间设计。生活用品和服饰设计大多利用黑色来塑造高贵的形象，也是一种永远流行的主要颜色，适合和许多色彩作搭配，但在室内设计中，常用于公共场所的局部色彩点缀，不能设计成完全的黑色的空间，使人感觉非常压抑，更不适合用在家庭装修得主体色调选择。

10. 灰色

灰色具有柔和、高雅的意象，而且属于中间性格，男女皆能接受，灰色也是永远流行的主要颜色，在许多的高科技产品，尤其是和金属材料有关的，几乎都采用灰色来传达高级科技的形象。使用灰色时，大都利用不同的层次变化组合或搭配其他纯度较高的色彩，才不会过于单一、沉闷。从生理上看，它对眼睛刺激适中，既不眩目也不暗淡，属于视觉最不容易感到疲劳色。因此，视觉以及心理对它反应平淡、乏味、休息、抑制、枯燥、单调，没有兴趣甚至沉闷、寂寞、颓废。

黑、白、灰在色彩中属于无彩色，但在色彩配色中占有相当主要的地位，它们活跃在各种配色中，最大限度地改变对方的明度、亮度与色相，产生出多层次、多品种的优美色彩，因此它们是决不可忽视的无彩色（图4-4）。

11. 光泽色

光泽色是质地坚实表层光滑，反光能力很强的物体的颜色，主要指金、银，铜、铬、塑料、有机玻璃，以及彩色玻璃的颜色。这些色光反应敏锐，在恰当角度时，会感到亮度很高；换一个角度，又会感到亮度很低。其中，金、银属于金属色，容易给人以辉煌、高级、珍贵、华丽、活跃的印象。塑料、有机玻璃、电化铝等是近代工业技术的产物，容易给人以时髦、讲究、有现代感的印象。光泽色属于装饰功能与适用功能都特别强的色彩，广泛应用于建筑设计及室内设计中，是设计色彩中不可缺少的颜色（图4-5）。

图4-4 黑、白、灰搭配

图4-5 光泽色主调

三、色彩设计的形成

远古以来,我们的先辈在与神秘而绮丽的大自然相存中,那五彩缤纷、千变万化的大自然色彩,使他们产生惊喜与恐惑的情感。

我们的祖先最初学会使用色彩，大约是在15万~20万年前的冰河时代，死去的动物或人的尸骨埋在红土中，被涂抹上了红色的粉；一场神秘的森林大火，红色的火焰惊天动地，令人恐慌，而动物在死亡之前喷射的血流和胎儿从母体降生时伴随着的血等，使我们的祖先相信了红色具有一种生命的魔力。于是，人们在自己的身体和脸上，在石器上涂上红土黑泥来装扮自己。

随着人类不断地理解和使用色彩，约在公元前15000年间，穴居在洞窟中，以狩猎为生的先辈们，在洞窟的石壁上和顶棚上用色彩来描绘与人类息息相关的动物壁画。这可视为人类最早懂得在自己的居住环境里对色彩的“设计”。如著名的西班牙阿尔塔米拉山洞动物壁画（图4-6）和法国的拉斯科洞窟动物壁画（图4-7）等。

在我国的唐宋时期，由于经济文化的高度发展和受到外来文化的影响，在建筑的室内外，色彩的运用比任何时期都显得华丽而富贵。常采用红、青绿、黄褐等色来装饰建筑室内外。朱门白墙、金銮宝殿、雕刻彩绘、书画艺术装饰效果，创造了具有民族特色的中式古典风格，也形成了独特的室内色彩装饰风格。

图4-6 动物壁画色彩（一）

图4-7 动物壁画色彩（二）

18世纪，随着欧洲工业革命的到来，科学技术的发展使人类对色彩在自身环境内的重要性认识越来越清楚，新材料、新技术和大工业生产带来了对环境色彩新的认识和处理，也开拓了室内环境色彩运用的新领域。总之，无论过去、现在和将来，在人类生存居住的环境中，色彩将永远伴随着我们，室内环境色彩的“设计”也将是一个永恒的课题。

第二节 色彩的心理效应

任何一种设计都离不开色彩，日本有些学者将人的色彩感受概括为七种，即冷暖感、轻重感、软硬感、强弱感、明暗感、宁静兴奋感和质朴华美感。这些感受，有些取决于色彩本身维度（明度、纯度和浓度），有些涉及到前面谈过的视觉质感（视觉质感指能看到质感，这种视觉质感吸引我们去亲手触摸，或者说通过质感产生视觉上的感觉），而有些联系到色彩情感效应和色彩形成待征。

一、色彩的感情

1. 色彩冷暖感

色彩冷暖，来源于色光的物理特性，更大量来源于人们对色光印象和心理联想，而眼睛对于色彩冷暖判断，主要依赖联想，色彩冷暖感觉与人生活经验和心理联想有联系。从色彩心理学考虑，一般把橘红色定为最暖色，称为暖极；把天蓝色定为最冷色，称为冷极。与暖极相近的颜色称暖色，与冷极相近的颜色称冷色，与两极距离相等的各色，称为冷暖中性色。红、橙、黄属暖色；蓝绿、蓝紫属于冷色；黑、白、灰、绿、紫属于中性色。（在色彩心理中来讲，一般黑色偏暖，白色偏冷，即白冷黑暖概念。）

2. 色彩的前进与后退

在相同的距离看颜色，有的颜色比实际颜色显得近，称前进色；有的颜色显得往后退，成为后退色。暖色调有迫近感或膨大感，让人看起来从实际位置向前比实际面积大一些，属于前进色；冷色调有后退感或收缩感属于后退色。红、橙、黄三色即是暖色又是前进色。前进色同时又是膨胀色，冷色、后退色同时具备收缩色特性。色彩冷暖感用在室内设计中经常起到调节空间的作用，利用色彩的前进与后退特性调节各种不同功能的大小空间。

3. 色彩轻重感

一般来说，明度高的颜色给人明快的感觉，色彩感觉轻；明度低的颜色给人感觉沉重；暖色给人感觉偏轻，密度大；冷色给人感觉偏重，密度小，但色彩的明度对轻重感影响比色相影响大。

4. 色彩的明暗感

色彩明暗感主要因为白、黄、橙等色彩给人以心理上明亮感觉，而紫、青、黑等重色（冷色）给人以心理上的灰暗感觉，主要与人们生活的联想相关，看到白、黄、橙色想到白天， 黄色灯、橙红色火等给人以心理上明亮感觉；而看到青、紫、黑联想到黑夜、丧礼礼服等给人以黑暗感觉。

5. 色彩的宁静兴奋感

红色有激起人们兴奋感的作用，蓝色则有平静作用。红色、橙红色、黄色、红紫色等刺激人心理产生兴奋感，常用于娱乐场所、酒店、商业空间等，通过夸张的色彩吸引观众的兴趣；青、绿、紫、青、黑色则有令人平静心里感觉的作用，适合优雅的宁静的空间环境。

6. 色彩的联想及功能

色彩联想指设计色彩对眼睛及心理的作用，包括对眼睛明度、色相、纯度、对比等刺激作用，给人心理留下的印象、象征意义及情感影响，把色彩表现力、视觉作用及心理影响最充分发挥出来，给人眼睛与心灵以充分愉快的刺激和美的享受。如红色让人联想到热情、革命、危险，具体联想到火、血、果实等；橙色让人联想到华美、温情、嫉妒，具体联想到橘橙、收获、秋天；黄色让人联想到光明、活泼、快乐，具体联想到光、柠檬、秋叶；绿色让人联想到和平、成长、安宁，具体联想到植物、大地、田园；蓝色让人联想到沉静、悠远、理想，具体联想到水、海、天空；紫让人联想到优雅、高贵、神秘，具体联想葡萄、薰衣草；白色让人联想到纯洁、神圣、虚幻，具体联想到百合、雪山、白云；灰让人联想到平凡、忧郁、朴实，具体联想到乌云、水泥、阴天；黑色让人联想到严肃、死亡、罪恶，具体联想到煤、夜等。

二、色彩对比

色与色相邻时，与单独看见该色的感觉不一样，我们称之为色彩的对比。

1. 同时对比现象

眼睛观看物体时，对任何一种颜色有同时要求互补色的现象，两色并置时双方都在将对方推向自己的相对补色。因此绿底子上的黑色图案上带一些红味，而紫底子的黑色则有一定黄味。同一种颜色先放到白色背景上，再放在黑色背景上，便给人以不同色度错觉，放在白色显得暗，放在黑色显得亮。同样，放在黄色背景上红色显得暗，放在蓝色背景上红色就显得明亮些。除了非常暗淡的色彩外，一般色彩在暗背景上，总是显得极为强烈。把一种色彩置于白色背景中总能获得简洁效果，所有色彩在白色背景上都显得暗些，而淡色则由于黑背景衬托本身颜色加强。

2. 连续对比现象

一个在较长时间内观看一块暖色调展示板之后，再看展示板旁边的白墙，会感到墙面偏冷，这是一种所谓的连续对比色觉现象，这是由于连续条件下或者连续运动过程中眼睛对事先已适应的色彩继而需求其相对补色引起的。

三、色彩的调和构成

在色彩设计中，两色或两色以上并置一起，视觉上给人以愉悦感，就叫调和。色彩的调和与对比一样，都是色彩设计中的一种构成法则，对比中求调和，调和中求对比，使之达到完美、和谐的色彩视觉感受。色彩调和分为以下几种：

（1）主色调的调和。

（2）色彩的连续性调和。

（3）色彩的均衡调和。

四、室内色彩调节功能

室内空间色彩调节就是对建筑物的内部空间、交通环境、可视物体设备等搭配色彩时，利用色彩所具有的心理、生理、物理的性质，并与其他物质调节手段一起，为人类居住生活、工作环境提供舒适、赏心悦目的配色设计。

如在朝南的房间适宜设计为冷调，因为朝南的房间能受到阳光的直射，而朝北的房间适宜设计为暖调。另外，一些冷藏工作环境的室内，使用暖色调更宜于人在低温下工作，而在高温锅炉、钢铁炉等炎热的室内环境中，设计为冷色调，更能求得人的心理平衡，利于工作效率的提高。在精神病院的病室里，宜用恬静的偏灰冷色调，使患者能在平静的色彩环境里得到安宁。还有，在各种公共娱乐场所，如舞厅、卡拉OK厅、迪斯科、酒吧等，为使人心情活跃，调动情趣，在环境色彩设计时，可设计较为强烈、令人兴奋的色彩。

第三节 室内设计的色彩搭配

一、室内色彩设计的要求与原则

1. 室内色彩分类

（1）作为大面积的色彩，对其他室内物件起衬托作用的背景色。

（2）在背景色衬托下，以在室内占统治地位的家具为主体色。

（3）作为室内重点装饰和点缀的面积小却非常突出的重点色。

2. 室内色彩关系

在室内环境中，色彩的对比实质上是背景色（墙面）与主体色、主体色与重点色的色彩属性之间的对比，及所形成的所有空间的色彩关系。

3. 室内色彩的基本要求

（1）充分考虑功能要求——空间使用目的、人的性格特征、年龄，使设计更加科学化、艺术化。

（2）符合构图法则——形式美法则。

（3）注意色彩与材料、照明的配合。质感不同、色彩也不同；充分运用材料本色体现出自然、清新的装饰特点。

（4）把握色彩的地域性、民族性。

4. 室内色彩的设计原则

当进行室内设计时，确定好室内的风格特征后，就要考虑色彩的搭配，用一个整体的配色方案来确定装修材料和室内物体、家具以及饰品的选择。

色彩搭配有如下几点技巧与原则：

（1）空间主要位置配色不得超过三种，其中白色、黑色不算色。

（2）金色、银色可以与任何颜色相配衬。金色不包括黄色，银色不包括灰白色。

（3）室内居住空间最佳配色搭配为：墙浅、地中、家具深。

（4）想制造明快现代的空间，多使用素色的设计（素色设计见本章第四节）。

（5）天花板的颜色必须浅于地面或墙面，也可以局部颜色深过地面、墙面，但不要面积过大。

（6）空间非封闭的连续贯穿的空间，在功能相同的情况下，尽量使用同一配色方案，特殊功能分区可以通过造型或者颜色的变化分隔空间。

二、室内环境色彩设计

室内环境色彩设计，就是在室内环境设计中，根据设计的具体要求和艺术规律来选择色彩，使色彩在室内环境的空间位置和相互关系中，按色彩学的规律进行合理的配置和组合。

1. 室内环境色彩设计所包含的范围

（1）天棚、墙界、地面的色彩设计。

（2）物体（家具及其他可视物品）的色彩设计。

（3）光与色的设计。

2. 色彩在室内设计中的作用

（1）物理作用：通过视觉系统所带来的一系列主观感觉的变化，如温度感、距离感、体量感、重量感。

（2）心理作用：影响人的情绪、联想、悦目性、情感性。

（3）调节作用：主要取决于色彩明、暗度调节光线、调节空间。

3. 室内环境色彩的内容

室内设计中色彩和人的感情最易沟通，色彩和人的感情是连在一起的。环境色彩包括以下几个方面：

（1）自然环境色彩。指自然界中存在的物质固有颜色。

（2）人文环境色彩。包括以下三个方面：

1）社会历史与色彩。

2）宗教文化色彩。

3）科学与色彩。

由于国家、民族、地理气候环境、宗教信仰、文化背景和个体需求等因素不同，人们对色彩的认识和情感也有其差异，因此，对环境设计的色彩风格和形式要求也不同。如黄色在佛教中意味着超凡脱俗给以使用，而在回教中，却是死亡的象征。作为设计工作者更应该去了解、把握这些色彩环境对人的生理和心理的影响，将个人的审美意识与环境色彩设计的具体内容统一起来，才能设计出极富创意的环境色彩。

（3）人为环境色彩。即设计环境色彩，这是设计者根据环境设计的要求，对环境中各类物体对象的色彩进行新的创造和设计。往往带有设计者很强的主观因素，也体现出设计者自身的设计能力。

三、室内环境色彩设计方法

室内空间的色彩设计，是一个多空间、多物体的构成，其涉及色彩的搭配调和也较复杂，空间受光线、材料颜色、物体自身的色、人为因素等诸多因素的影响，其色彩表现为多色性，各部分色彩关系复杂，既相互联系又相互制约。同时，室内环境中各色彩之间，并不是孤立的，而是互相影响和制约，处于一定的对比和调和的关系之中设计时一定要全面、宏观地看问题。

1. 统一处理的方法

在室内环境中，各种色彩相互作用于空间中，和谐与对比是最根本的关系，色彩的色相、明度和纯度之间的靠近，会产生一种统一感，但要避免过于平淡、沉闷与单调。棚、墙、地与物体间，物体与物体间的色彩如何构成协调，使室内环境的色彩达到既有变化又有调和统一，以此构成一个有机的色彩空间，是室内环境色彩设计需解决的重要问题。

2. 以满足室内空间功能为主的方法

室内不同的空间有着不同的使用功能，色彩的设计也要随着功能空间的差异设计不同的色彩关系。如可以利用色彩的明暗度来创造气氛，高明度色彩可获光彩夺目的空间气氛;明度的色彩和较暗的灯光装饰，会给人一种私密的温馨之感；办公室、居室等空间的色彩在某些方面直接影响人的生活，因此使用纯度较低的各种颜色可以获得一种安静、柔和、舒适的空间气氛，纯度较高鲜艳的色彩则可获得一种欢快、活泼与愉快的空间气氛。

3. 考虑人的情感因素

做任何设计时，还要根据客户的性格和年龄判断其色彩的喜好，不同的色彩会给人心理带来不同的感觉，所以在确定居室与饰物的色彩时，要考虑人们的感情因素。通常，外向型性格的人对色彩较敏感，内向型性格对色彩感觉较弱，外向型喜欢对比色、暖色，内向型人喜欢同类色、冷色；年轻人喜欢纯度高的颜色，老年人喜欢色彩平和的素色；儿童适合纯度较高的浅蓝、浅粉色系；运动员适合浅蓝、浅绿等颜色以解除兴奋与疲劳；军人可用鲜艳色彩调剂军营单调的生活色彩；艺术家可以设计抽象的色彩关系等。

4. 调子配色方法

当两种或两种以上颜色有秩序、和谐地组织在一起时，使色彩变化丰富，同时也使人的心情发生改变，根据色彩的色相、明度、纯度特征，总结出了色彩的和谐规律，形成了调子配色法。常用的方法是选择某一色彩作为房间的主基调，其他物体的色彩与之形成一致的倾向，并在色相、明度或纯度上作为强调色，最后形成统一的色调。主色调与辅色调是相互映衬的，这两种室内色彩要求在统一的基础上求变化，形成一定的韵律和节奏感。

5. 对比配色方法

对比配色与调子配色原理相同，色彩搭配时选择对比色的运用，以某一颜色为主调色，通过明度或者纯度调节来应用不同的界面，再选择主体色的对比色为强调色，在空间中起到强调和点缀的作用（图4-8）。

6. 风格配色方法

室内设计的风格多种多样，每种风格都有独特的代表色彩，设计时根据不同的历史文化时期的风格特征和空间需求，有针对性地选择和风格统一的色彩，这样比较容易达到设计意图，较简洁地体现设计底蕴。

图4-8 对比配色方法

四、装饰材料的色彩

装饰材料种类繁多，不同品种的材料不仅本身固有的颜色存在差异且通过施工处理后的颜色也存在很大的差距，装饰材料的色彩搭配与选择受以下几个因素的影响。

1. 材料的肌理

肌理致密、细腻的材料会使色彩较为鲜明、肯定；反之，肌理粗犷、疏松会使色彩暗淡、浑浊。对于肌理的不同处理会影响色彩的表达，如一种木纹材料，使用清漆和使用亚光漆饰面所表现出的色彩效果就有所不同。清漆饰面的木质材料色彩纯度稍高、反光度高。通常情况下，粗糙的物体表面杂乱的反射会使色彩纯度降低，但明度就不受光滑与粗糙的影响，光滑物体表面会反光，抑制色相的显示。

2. 材料的冷暖感觉

金属、玻璃、石材、镜面、不锈钢等材料给人冰冷的质感，呈现出冷色调的感觉；布织物、毛皮触感温暖，属于暖质材料，给人温暖的质感。木材属于中性材料，色彩感觉和木材纹理、饰面材料等有很大的关系。

五、室内色彩搭配

1. 黑白灰搭配

黑与白的搭配可以营造出强烈的视觉冲突效果，抛却另类奢华，可以营造出类似黑白老照片的经典怀旧感觉。但黑白颜色分配不要过于均匀，否则会造成眼花缭乱、烦躁的感觉。黑白相配的空间不容易把握，把灰色融入其中，缓和黑与白的视觉冲突感觉，从而营造出另外一种不同的风味，是近年来比较流行的室内设计色彩，很多时尚人士很喜欢。三种颜色搭配出来的空间中，充满冷调的现代时尚感，在这种色彩情境中，会由简单而产生出理性、秩序与专业感，灰色为主调，其他颜色为辅的搭配也能渲染出时尚前卫的色彩效果。

2. 蓝白搭配

一般人在居家中，不太敢尝试过于大胆的颜色，认为还是使用白色比较安全。近几年流行的地中海和东南亚装饰风格改变了人们单一白色的运用，可以加上不同明度的蓝配色，就像海和白色的沙滩，体现出一种浪漫休闲的生活氛围（图4-9）。

3. 红黑搭配

红色是很热烈的颜色，它喜庆、火爆、热烈，用于室内空间中能够形成强烈的视觉冲击力，但红色处理不当，就会使空间变得烦躁，适当时候要掺入黑色或者灰色与其搭配，来缓解红色的艳丽，同时又能体现出空间的现代与时尚（图4-10）。

4. 黄绿搭配

室内墙面最容易被设计成黄色为主的色彩，表现出空间的一种温暖柔和，是目前居室设计比较时尚的装饰做法，再柔和一些绿色会让人内心感觉平静，配合中黄色能体现出轻快的感觉，让空间看起来稍稍沉稳，比较适合年轻人的生活方式（图4-11）。

5. 中性暖色

中性暖色系列色彩比较含蓄，是令人愉快和平衡的颜色选择。中性暖色指的是像褐色、乳黄、土红、咖啡色等比较温和的色彩。这些色调优雅、朴素，配以白色的木线整洁而简约；配以深色木质材料则庄重而不失雅致。

6. 中性冷色

中性冷色指绿色或蓝色的过渡色，和

图4-9 蓝白搭配

图4-10 红黑搭配

夹杂它们之间的不同纯度的灰色。这些颜色通常被使用在现代材料上，如铝、不锈钢、玻璃等，这些颜色与高科技、智能化等一切与时尚、现代有关的设计联系紧密（图4-12）。

7. 素色

素色不是单纯地指白色，也不是说不能出现彩色，它可以是白色、黑色，甚至任何颜色，但这种颜色给人的感觉不是浓艳强烈的，而是宁静干脆的。在色彩的运用上需要突出“素”字，素色主要指颜色清淡单纯的白色、黑色、灰色、淡彩色等色系，素色空间在视觉上有扩大和延伸的效果，所以能很好地利用素色扩大空间，给人宁静感，但搭配不好，素色往往便会显得有些呆板，最好的办法是能突出“素”的颜色一定要少，主体不能超过两种，作为点缀的其他色彩的面积一定要小，在整个设计中起到装饰和点睛的作用，但又不能破坏主体颜色（图4-13、图4-14）。

六、室内设计的流行色

在设计上，色彩的流行趋势称为流行色，一般是根据一个国家或者地区的某

图4-11 黄绿搭配

图4-12 中性冷色搭配

图4-13 素色搭配（一）

图4-14 素色搭配（二）

个阶段的流行趋势，由相关部门组织，每年定期地发布各时期的流行趋势。流行色最初来源于服装设计，该领域对于流行色的发布次数较多，涉及的范围较广。在我国，随着装饰装修行业的飞速发展，室内设计领域也由相关权威部门预测近期流行的装饰色彩，来追寻潮流的风向标。色彩的流行与室内设计的流行风格有很大关系，一种色彩流行过后，必然是向另一种颜色转变，它不是单一的，而是经过细致和柔和后的一种比较雅致的风格趋势。2009年国际上室内设计领域的流行色趋势具体如下。

1. 绿色

从生态的角度讲绿色的概念，并不一定是指颜色是绿色的。绿色设计被我们所熟知，作为以节约资源和保护环境为设计理念，强调人与自然的和谐共存。在这里绿色有两层含义，即包括节能环保理念也包括自然生态中存在的绿色。这就是国际上一些国家提出来的绿色的概念，包括偏灰的绿色、比较神秘的绿色，还有食物中的一些美味的绿色，还有加入了一些科技的透明、半透明的材料里面的绿色。

2. 红色

红色在国际设计领域中越来越受重视，尤其是在2008年奥运会召开之后，所有国际上的国家都认为，红色是中国的一个代表色彩，也是其他时尚的国家所要追捧的色彩（图4-15），红色的设计概念正悄然升起。

3. 电子科技产品的色彩

电脑、电子产品还有数码产品，这些信息时代的产物和人们的生活密不可分，现代人利用高科技的一些手段，创造更加的丰富、绚烂、时尚、科技的非主流的色彩。

图4-15 奥运会开幕式的中国红色彩

本章教学引导

【教学目标】

本章用简短的文字叙述本专业设计色彩搭配的一般规律，要求学生掌握色彩的基本属性；根据色彩的诸多特征，把色彩设计的具体要求和艺术规律应用到室内空间中，使色彩在室内环境的空间位置和相互关系中，按色彩学的规律进行合理地配置和组合，从而辅助室内空间更好地表现。

【教学要求】

色彩在人的视觉中最敏感，在现代设计中也是极其重要的构成因素。不同的色彩能够触动人们不同的情感，不同的时代、不同的人对色彩有着不同的审美反映，观察色彩会引起多种感受和联想。本章主要培养学生综合运用所学的理论知识和基本技能的能力，尤其是培养学生独立分析和解决色彩问题的能力。掌握色彩之间的组合和搭配复杂性，了解色彩的功能，重点学会如何运用色彩，让色彩的基本特征在室内空间中发挥不可替代的作用。

【职业能力目标】

知识要点（专业能力）	方法能力	社会能力
室内色彩设计的基本要求和方法	教学法	丰富的理论基础
色彩在室内设计中的作用	案例教学法	大量的实例训练
室内色彩设计的方法	多模式的教学法	以理论讲述为主，注意结合实例进行讲解。科学而又迅速地提高学生的专业水平和实操技能

【案例导入、问题导入】

通过约在公元前15000年间，穴居在洞窟中，以狩猎为生的先辈们，在洞窟的石壁上和顶棚上用色彩来描绘了与人类息息相关的动物壁画来引出色彩的悠久历史。

【知识链接】

了解各种材料的色彩搭配方法，关注发达国家和地区的装饰材料世界博览会，了解最新设计动态，经常登陆中国的香港、台湾地区和日本等地的经典设计网站，搜集成功色彩案例，并进行翔实的案例速写积累，以备需要时应用。

【应用案例】

项目一：设计一个30~40m^{2}的客厅色彩。

要求：（1）划分出四个功能空间。

（2）色调统一协调。

（3）主体墙色彩突出。

（4）合理地将各种颜色家具进行设计。

（5）写出设计说明。

项目二：卧室和书房的色彩搭配练习。

项目三：讨论室内色彩设计中“度”的把握。

项目四：市场调研，搜集相关色彩搭配资料，熟悉各种装饰材料和家具的色彩对比，比较同类产品色彩搭配和应用的优劣，并编写市场调研报告。

【课外阅读、参考材料】

1. 中国设计书店

http://www.cn-design.cn

2. 艺术设计在线导航

http://www.artt.cn

3. 中国设计之窗

http://www.333cn.com

【练习题】

1. 餐厅的色彩设计应注重什么？

2. 简述在室内空间的色彩设计中，营造一个和谐的色彩环境的重要因素。

3. 你认为卧室的色彩设计应怎样搭配？

4. 色彩的心理感应在色彩设计中如何应用？

5. 关于流行色这一问题，谈谈你的看法。

【项目实施要求】

掌握室内色彩设计的方法，注意室内设计中各种功能区的主体色调与辅助色调之间的关系，注意装饰材料的色彩搭配，注意和谐的色彩搭配对装修档次产生的影响。

【项目实施与评估】

采用学生互评与教师讲评的形式评估。

【项目规范及制作方式】

使用Photoshop软件搭配室内空间色彩，并根据方案设计要求对每个独立的空间设计两套颜色，色彩的搭配符合整体设计风格，追求统一性。

【本章小结及作业小结】

培养学生综合运用所学的理论知识和基本技能的能力，尤其是培养学生独立分析和解决色彩问题的能力。

第五章　室内设计照明

我们的生活空间如果没有光，就人的视觉来说就没有一切，光的存在让我们看到这个世界的五彩缤纷。在室内空间设计中，光的作用更为重要，光不仅能满足人们视觉功能的需要，而且还是空间美的创造者。因此，室内照明是室内设计的重要组成部分之一，在设计中应重点考虑。

目前，国内有很多知名的灯光设计事务所，香港著名灯光设计师关永权重点设计室内空间的灯光，代表作品为香港阿玛尼专卖店、路易威登珠宝手表店；照明设计师安小杰设计的北京国家游泳中心“水立方”夜晚灯光效果分外耀眼，其代表作品还有广州国际白云机场、北京新三里屯等。

第一节 照明基础知识

一、光源的分类

1. 自然光源

通常将室内对自然光的利用，称为自然采光。采用此种光源可以节约能源，并且在视觉上更为习惯和舒适，心理上更能与自然接近、协调，但它受时间的限制，在没有自然光的情况下，可以通过人工光源照明。

2. 人工照明

人工照明也就是可发光的物体进行室内照明，常指灯光照明。它是夜间主要光源，同时又是白天室内光线不足时的重要补充。人工照明可以较自由地调整光的方向、颜色，可以考虑照明效果对视觉工作者造成的心理反应以及在构图、空间感、明暗、动静以及方向性等方面是否达到视觉上的满意、舒适和愉悦。人工照明是使用最广泛的照明方式。

二、照明基本概念

1. 照度

光通量是衡量光源的发光效率的一个物理量，光通量的单位为流明（lm），光源的发光效率的单位为流明 / 瓦特（lm / W）。不同的日光源和电光源，光源在某一方向单位立体角内所发出的光通量叫做光源在该方向的发光强度，单位为坎德拉（cd）。照度是表示被光照的某一面上单位面积内所接收的光通量其单位为勒克斯（lx）。提高照度可以使用大功率光、增加灯具数量、利用直射光等。照度越高，越容易看清物体，如果照度超过一定值反而难以看清物体，增加视觉疲劳，引起不舒适的感觉，即眩光现象。因此，空间不是越亮越好，不同的空间要选择不同功率的灯具，以达到充足的亮度，拿普通的荧光灯光源举例，一般每平方米按3~5W功率来配置，白炽灯按每平方米15~25W功率配置。在40W的白炽灯下1m处的照度为30lx，阴天午后室外照度为8000~20000lx，晴天午后阳光在室外的照度可达80000~120000lx。同时还要注意控制照度的分布和对比关系，最简单的方法是调整从光源发出的光量。在照度计算时要考虑到视觉功效，视觉的满意程度及照明成本控制的因素，在一定照度水平内，随着照度的提高，视觉功效也提高，要获得一个高效的工作环境，首先要提高保证有足够的照度，室内照度的照明具有一定的均匀度，但不是越均匀越好，适当的照度变化，能够形成比较活跃的照明（表5-1）。

2. 光色

光的表观颜色，也叫色表。光色主

表5-1 推荐照度范围及适用区域

推荐照度范围（lx）	区域或者活动类型
20~30~50	室外交通区和工作区
50~75~100	交通区，简单的辨别方向或者短暂访谈
100~150~200	非连续使用的工作房间
200~300~500	有简单视觉要求的作业
300~500~750	有中等费力的视觉作业
500~750~1000	有相当费力的视觉要求作业
750~1000~1500	有很困难的视觉要求作业
1000~1500~2000	有特殊要求的视觉作业
>2000	非常精细的视觉作业

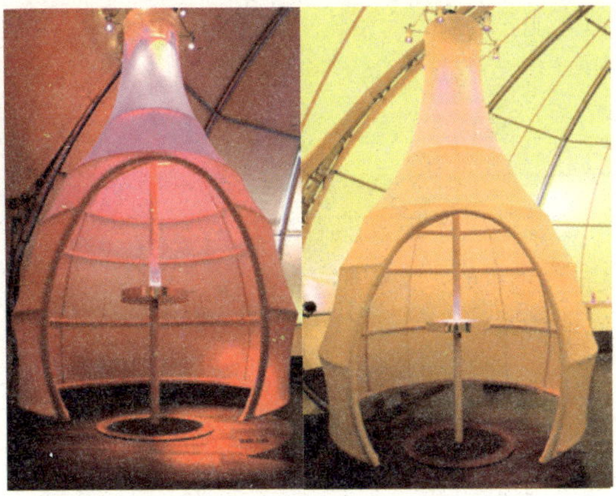

图5-1 光色对空间效果的影响

要取决于光源的色温（K），并影响室内的气氛（图5-1）。色温低，光色偏红，感觉温暖；色温高，光色偏蓝，感觉凉爽。一般色温小于3300K 为暖色，色温3300~5300K 为中间色，色温大于5300K 为冷色。光源的色温应与照度相适应，即随着照度增加，色温也应相应提高。否则，在低色温、高照度下，会使人感到酷热；而在高色温、低照度下，会使人感到阴森的气氛。不同色温的光源造成的照明效果的冷暖感觉调整了气候条件带来的差异，光源的色温选择要与整体室内设计风格及想要形成的环境气氛相适宜，如：暖色调的灯光色温低，接近黄昏的情调，能够形成亲切轻松的气氛，适合休息场所，能缓解疲劳；色温较高的冷色调的灯光适合精神紧张的工作环境，不同色温的灯光给人不同的印象。由于人们所处区域的气候条件的差异，通常亚热带的人较喜欢4000K以上较高色温的光源照明，寒带的人较喜欢4000K以下的较低色温的光源照明，设计时要充分考虑到光色的重要性能。

3. 亮度

亮度是表征发光物表面发光强弱或被照物表面反射光的强弱的物理量，也称发光度（L），单位为坎德拉每平方米（cd/m^2）。室内亮度的分布是由照度分布和表面反射比来决定的，是人眼对环境明亮程度的感受。例如在同样的照度下，白纸看起来比黑纸要亮，有许多因素影响亮度的评价，要考虑照度比和反射比这两个因素，还要考虑照度、表面特性、视觉、背景、注视的持续时间，甚至包括人眼的特性。

三、显色性

光源照射后，显现被照物体颜色的性能称为显色性，也就是颜色显示的逼真程度，显色性好的光源对颜色本色体现得较好，颜色接近物体本色；反之，显色性差的光源对颜色的本色体现得较差，颜色偏差较大。一个颜色样品在日光下显现的颜色是最准确的。因此，可以用日光标准将白炽灯、荧光灯等人工光源与其比较，在日光下观察物体的颜色，然后拿到高压汞灯下观察，就会发现有的颜色已变了色，如粉色变成了紫色，蓝色变成了蓝紫色。一般显色性由显色指数（*Ra*）表示，*Ra*最大值为100，*Ra*值在80以上显色性优良，*Ra*值在50~79显色性一般；*Ra*值在50以下显色性差。通过研究由几个特定波长色光组成的混合光源有很好的显色效果，如三基色荧光灯的发光颜色组成主要是红色光（波长为610nm）、绿色光（波长为540nm）、蓝色光（波长为430nm）这三种波长的基本色，具有良好的显色性，用这样的白光去照明物体，都能得到很好的显色效果。

四、眩光

当人们观察某一视觉对象时，如果视野内存在严重的亮度不均匀的情况，或者某一处的亮度变化太大给人造成强烈的刺眼效应，会使人感到不舒适，严重损坏视觉功效，这就是眩光现象，它是评价照明质量的一个重要方面。眩光会使影像模糊化，阅读吃力，容易造成眼睛疲劳，严重的会损害视觉功效。在室内空间设计中要避免眩光的干扰。眩光根据眩光源的不同，可以分成直接眩光和反射眩光两类。直接眩光是指光源直接进入视野时造成的，主要由光源的亮度和大小来决定，如直视灯光或夜间对方来车的车灯就会造成眩光的现象；反射眩光是指光源投射光泽表面后反射至眼睛的光线，对视觉造成一定的干扰，一般常称为反光，反射眩光对舒适影响很大。

解决眩光的有效措施有以下几种：

（1）正确安排照明光源和使用者的相对位置，使视觉作业的每个位置基本不处于任何光源同眼睛形成的镜面反射角内。

（2）增加从侧面投射光的形式，不直接照射在视觉作业面上。

（3）选用发光面积大且亮度低的灯具，但要在满足基本照度的基础上。

（4）顶棚、墙和安装界面尽量选择无反射的浅色饰面，减少反射的影响。

第二节 照明设计

一、照明布局形式

1. 基础照明

所谓基础照明是指大空间内采用均匀的固定灯具照明，给室内提供最基本的照度，并形成一种格调，不考虑特殊部位的需要，以照亮整个场地而设计的照明，也称为一般照明。除注意水平面的照度外，更多考虑的是垂直面的亮度，一般选用比较均匀、全面性的照明灯具。

2. 重点照明

重点照明是为突出特定目标或引起视野对于某一部分的注意而对重点部位进行强调性地重点投光。如商品陈设架或橱窗的照明，目的在于增强顾客对商品的吸引和注意力，其照明方式是根据商品种类、形状、大小及展览方式等确定的。一般使用强光来加强商品表面的光泽，强调商品形象，一般重点照明色亮度是基本照明的3~5倍。

3. 装饰照明

为了对室内进行装饰，增加空间层次，营造环境气氛，常用装饰灯具进行照明，强调灯具本身的艺术效果，而照明却是辅助功能。常用的装饰照明灯具有吊灯、壁灯、挂灯等图案漂亮的灯具。装饰照明丰富了室内空间，并渲染了室内环境气氛，更好地表现具有强烈个性的空间艺术，但装饰照明只能是以装饰为目的的独立照明，不兼作基本照明或重点照明（图5-2）。

二、照明方式

根据不同空间对于灯光的照度和亮度的需求方式进行分配，照明方式包括以下

图5-2 装饰照明

图5-3 直接照明

几种。

1. 直接照明

光线通过灯具射出，90%以上的光通量分布到作业工作面上，这种照明方式为直接照明。此种照明方式具有强烈的明暗对比，并能造成有趣生动的光影效果，可突出工作面在整个环境中的主导地位，但是由于亮度较高，应通过增加灯罩等方法防止眩光的产生，直接照明常用在工厂、办公室等空间（图5-3）。

2. 半直接照明

半直接照明方式使用半透明材料制成的灯罩罩住灯泡上部，60%~90%的光通量集中射向作业工作面，10%~40%的光通量又经半透明灯罩扩散而向上漫射，形成的阴影比较柔和。这种照明方式常用在空间较低的场所的普通照明。由于漫射光线能照亮平顶，使房间顶部高度增加，因而能产生较高的空间感。商场、服饰店、会议室等场所，常采用半直接照明来提高空间高度。

3. 间接照明

将光源遮蔽而产生的间接光的照明方式，其中90%~100%的光通量通过天棚或墙面反射作用于工作面，10%左右的光通量则直接照射工作面。常见的方法是将照明灯具隐藏，光线从棚顶或者其他界面反射到室内空间中，常和其他照明方式配合使用，才能取得特殊的艺术效果（图5-4）。

4. 半间接照明

半间接照明方式，恰好和半直接照明相反，60%左右的光通量射向棚顶，形成间接光源，10%~40%部分光线经灯罩向下扩散。这种方式能产生比较特殊的照明效果，适用于住宅中的门厅、过道等，通常在学习的环境中也采用这种照明方式。

5. 漫射照明

漫射照明方式，是利用灯具的折射功能来控制眩光，将光线向四周扩散漫散，这类照明光线性能柔和，视觉舒适，适用于休息场所（图5-5）。

三、照明的艺术性

图5-4 间接照明

室内照明设计是一门融技术和艺术为一体的工程，属于室内设计中技术含量和艺术效果最高的部分，也是最难解决的设计问题。现代建筑内部空间设计中，照明设计不再是附加品，照明可以形成空间、改变空间或者破坏空间，它直接影响到人对空间大小、形状、质地和色彩的感知。设计人员要将照明设计与建筑空间设计紧密结合，综合地进行艺术处理，才能满足空间的不同功能和装饰要求。

1. 丰富空间内容

现代照明中，运用人工光源的投射、虚实、隐现等手法控制光的投射角度及光的构图秩序，可以增加空间的亮点，是快速提高空间艺术氛围的最简单直接的手段，可以通过照明限定空间、强调重点部位、创造不同的空间氛围。如时下流行的酒吧、KTV、漫摇空间，通过把色彩斑斓的灯光和室内的空间环境结合起来，可以创造出各种不同风格的酒吧情调，取得良好的装饰效果。例如闪动跳跃的霓虹带给人们激情与热烈，烘托了环境氛围；反之，如果娱乐场所的灯光采用最简单的白炽灯直接照明，那可想而知是什么效果了。因此，照明除了在满足最基本的照亮功能外，还能丰富空间内容。另外，空间的感觉还可以通过光的变化表现出不同

图5-5 漫射照明

的效果，一般来说，空间的开敞性与灯光的亮度成正比，亮的房间感觉大些，暗的房间感觉小些，采用漫射光作为整体照明也使空间有扩大的感觉。照明还可以改变空间的实和虚的感觉，例如：在台阶底部及家具底部的隐藏照明，可以使物体形成悬浮的效果，使空间显得空透、轻盈。

2. 渲染气氛

灯光色彩和灯具的造型用以渲染空间环境气氛，能够收到非常明显的效果，不同类型的灯具使空间的装饰作用不同，灯光的颜色和室内设计色彩一样都能营造出不同的氛围。暖色的灯光表示愉悦、温暖、华丽的氛围，能增加室内快乐、温馨的气氛；冷光则表示宁静、高雅、清爽的格调，室内空间会显得恬静淡雅。在不同光照环境下形成室内空间某种特定的气氛即形成视觉环境色彩，因此要考虑主光源与次光源色光之间的相互影响、相互作用，如以暖色调为主的室内空间中，用荧光灯照明，灯管所发出的青蓝成分较多，就会给鲜艳的颜色蒙上一层灰暗的色调，从而使室内温暖的气氛受到破坏。如果使用暖色的白炽灯，则可以使室内的温暖基调得到加强；反之，冷色调为主的室内空间里加入暖色调的光源，则会破坏了室内宁静高雅的气氛，强烈的霓虹灯、聚光灯，可以把室内的气氛活跃起来，增加繁华热闹的节日气氛。

3. 光影艺术

光影本身就是一门特殊的艺术，在照明艺术中更加深刻地体会到光影的独具匠心之处（图5-6）。我们在照明设计时，充分利用各种照明装置形成生动的光影效果，丰富空间的内容与变化。处理光影的手法很多，既可以以表现光为主，也可以以表现影为主，又可以光影同现。光影造型的千变万化要采取恰当的表现形式才能突出主题思想，丰富空间的内涵，这也是获得良好的艺术照明效果的前提。在绘画中的光影也是非常重要的，只有通过光影，才能产生立体感、空间感，并且光影

图5-6 照明的艺术性

也是烘托某种气氛的重要元素。如在以绿化为主的休闲空间中，充分利用光影的作用有意制造出一些造型圆洞，并把灯光放进圆洞或放在某些植物的下面向上照射，会使空间产生有趣的光影，既丰富了视觉效果，又增加了空间的立体感和层次感。

第三节 室内常用灯具种类及运用

人工照明离不开灯具，灯具不仅限于照明，也是建筑装饰的一部分，起到美化环境的作用，是照明设计与建筑设计的统一体。随着建筑空间设计的迅速发展和人们生活方式的飞速变化，灯具的材料、造型、风格、设置方式都会发生很大变化，灯具与室内空间环境结合起来，可以创造不同风格的室内情调，取得良好的照明及装饰效应。

一、灯具的分类

灯具有以下几种类型：

（1）按灯具光源分为固体发光光源和气体放电发光光源。固体发光光源分为白炽灯、场次发光灯、半导体发光器；气体放电发光光源分为弧光放电灯（荧光灯、低压钠灯、高压汞灯、高压钠灯、高压氙灯、金属卤化物灯、碳弧灯）和辉光放电灯（霓虹灯、氖灯）。

（2）按安装方式一般可分为吸顶灯、嵌入式顶灯、吊灯、壁灯、活动灯具、建筑照明等。

（3）按使用场所可分为民用灯（壁灯、落地灯、台灯、床头灯、门灯、吸顶灯、吊灯、嵌入式顶灯）和建筑灯、工矿灯、车用灯、船用灯、舞台灯等。

二、室内常用灯具种类及运用

在现代家庭装饰中，灯具的作用已经不仅仅局限于照明，更多的时候它起到的是装饰作用。一个好的灯具，可以使空间增添几分温馨与情趣，因此灯具的选择在室内设计中非常重要，下面介绍几种室内空间设计中常用的灯具。

1. 吊灯

吊灯（图5-7）是悬挂在室内屋顶上的照明工具，经常用作大面积范围的照明。安装吊灯时必须保证空间有足够的高度，吊灯悬挂距地面最低2.1m左右，长杆吊灯适合用于举架较高的公共场所。吊灯的造型、大小、质地、色彩对室内气氛影响非常大，因为它将成为空间的主要照明，即是主灯，在选用时一定与室内环境相协调。例如，古色古香的中式风格空间应搭配具有中国古老气息的纸质宫灯；西餐厅应配欧式风格的吊灯，如蜡烛吊灯、古铜色灯具等（图5-8）；而现代派居室则应配几何线条为主的简洁明朗的灯具。吊灯分为单头和多头两种，单头吊灯多适合于厨房和餐厅，而多头吊灯则多适合于客厅，由于吊灯样式繁多，因此购买的时候不仅要从美观高雅方面考虑，更要从实际出发，不要选择带有电镀层的吊灯，因为电镀层时间长易掉色，选择水晶吊灯（图5-9）时要考虑到气候环境对于灯具的保养及维护问题。

2. 吸顶灯

吸顶灯是直接安装在天花板上的一种固定式灯具。吸顶灯种类繁多，但可归纳为以白炽灯为光源的吸顶灯和以荧光灯为光源的吸顶灯。以白炽灯为光源的吸顶

图5-7 花形吊灯

图5-8 欧式复古吊灯

图5-9 水晶吊灯

图5-10 塑料吸顶灯

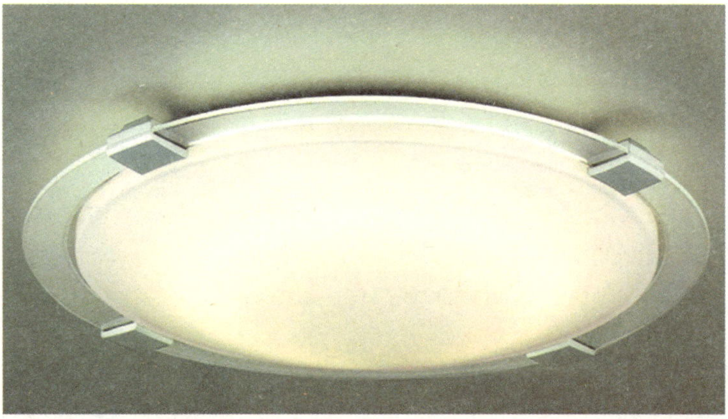

图5-11 圆形吸顶灯

灯，灯罩用玻璃、塑料、金属等不同材料制成不同形状的灯罩，常见的有方罩吸顶灯、圆球吸顶灯、尖扁圆吸顶灯、半圆球吸顶灯、半扁球型吸顶灯、小长方罩吸顶灯等。其中以荧光灯为光源的吸顶灯，大多采用有晶体花纹的有机玻璃罩和乳白玻璃罩、外形多为长方形。吸顶灯多用于整体照明，例如过道、阳台、卫生间、办公室、会议室、走廊等空间。选择吸顶灯时要选有电子镇流器的灯具，它有助于灯具瞬时启动，延长灯的寿命，另外还要考虑到灯光的显色性问题，卤粉灯管显色性差，三基色粉灯管显色性好（图5-10、图5-11）。

3. 嵌入式灯

嵌在天花板隔层里的灯具，具有较好的下射光，称为嵌入式灯也叫筒灯，主要用于一般照明，方向性好，灯具简洁，易于安装，常用于公共场所空间。筒灯有聚光型和散光型两种，聚光灯型一般用于局部照明要求的场所，如金银首饰店、商场货架等处；散光灯型一般多用作局部照明以外的辅助照明，例如宾馆走廊、咖啡馆走廊等。常用筒灯规格见表5-2。筒灯的嵌入空间是需要在设计时考虑的，安装筒灯必须留有内插式结构的位置，充分考虑筒灯开孔尺寸和高度对吊棚设计的影响，如安装4英寸直装单管筒灯（图5-12），吊棚高度最低要留160mm左右的高度，才能保证筒灯内插结构顺利地安装，4英寸横插单管筒灯（图5-13）所需的吊顶安装尺寸要小于直装筒灯类型，一般在100mm左右。

4. 壁灯

壁灯造型丰富、款式多变，壁灯的照明不宜过亮，灯泡功率多在15～40W左右，这样更富有艺术感染力，光线浪漫柔和，可把环境点缀得优雅、富丽，温馨，常见的有变色壁灯、床头壁灯、镜前壁灯等，变色壁灯多用于节日、喜庆环境；床头壁灯大多装在床头上方，灯头可转动，光束集中，便于阅读；这些灯经常安装在墙壁，使平淡的墙面变得光影丰富，有很强的装饰性，壁灯安装时不宜过高，应略超过视平线，在1.6~1.8m高左右，同一表面上的灯具高度应该统一。镜前壁灯多装饰在盥洗间镜子上方，多呈现长条形状，

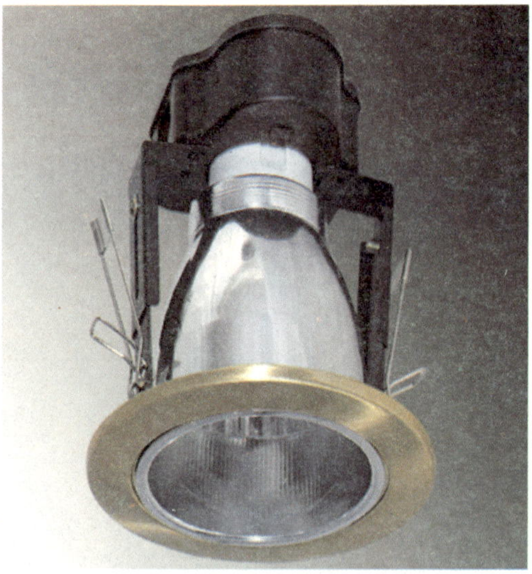

图5-12 直装单管防雾筒灯

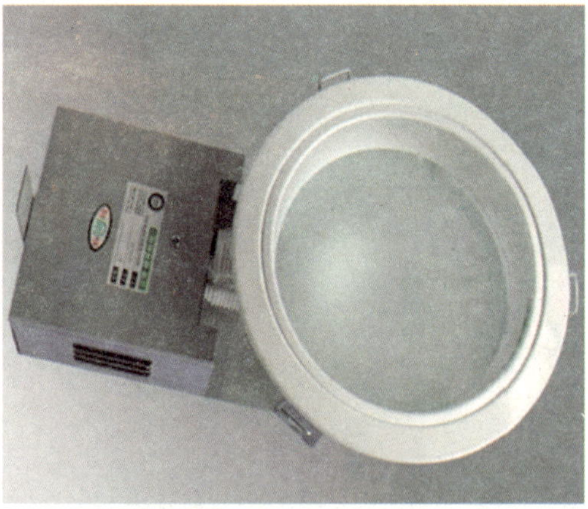

图5-13 横插单管磨砂筒灯

表5-2 常用筒灯规格

筒灯型号	材质	直径（1英寸=2.54cm=25.4mm）	推荐光源	开孔尺寸(mm)	高度（mm)
2. 5英寸直装灯头单管	磨砂条纹	2.5英寸=2.5×2.54=6.35cm约63mm	5W节能灯	80	125
3英寸直装灯头单管	珠点	3英寸=2.5×2.54=7.2cm约72mm	7W节能灯	92	137
3. 5英寸直装灯头单管	磨砂	3.5英寸=2.5×2.54=8.89cm约89mm	9W节能灯	105	142
4英寸直装灯头单管	反光	4英寸=4×2.54=10.16cm约111mm	13W节能灯	130	158
6英寸横插单管	反光	6英寸=6×2.54=15.24cm约152mm	15W节能灯	170	100

一般用作补充室内的照明，壁灯的款式选择应根据墙色及整体环境而定。选择壁灯主要看结构、造型，铁艺锻打壁灯（图5-14）、全铜壁灯、羊皮纸壁灯（图5-15）等都属于中高档壁灯，手工制作的壁灯价格比较贵。

5. 台灯

台灯主要用于局部照明，书桌上、床头柜上和茶几上都可用台灯，它不仅是照明器，又是很好的装饰品，对室内环境起美化作用。台灯按材质一般分为陶灯、木灯、铁艺灯、铜灯等；按功能分为装饰台灯（图5-16）、护眼台灯（图5-17）、工作台灯等；按光源分灯泡、插拔灯管、灯珠台灯等。在选择台灯的时候应该注意区别台灯的使用场所，如果重在装饰空间可

图5-14 铁艺壁灯

图5-15 羊皮纸花型壁灯

选用工艺用台灯，如果重在工作照明，则可选用书写用的护眼台灯。

6. 立灯

立灯又称“落地灯”，也是一种局部照明灯具，它的摆放强调移动的便利，对于角落气氛的营造十分实用，它常摆在沙发和茶几附近，作为待客、休息和阅读照明，时下流行的金属抛物线钓鱼灯（图5-18）也属于落地灯的一种，对于空间的塑造既有功能性又有趣味性。

7. 射灯

射灯的种类丰富，有夹式射灯、普通挂式射短臂、长臂射灯、轨道射、灯吸顶射、壁画射灯。因其造型玲珑小巧，多用于制造效果，点缀气氛，非常具有装饰性，一般多以各种组合形式置于装饰性较强的地方。

（1）天花射灯（图5-19）。在配光类型上属于直接型天花射灯，一般安装卤素灯光源，款式多样，占地面积小，广泛

图5-16 装饰台灯

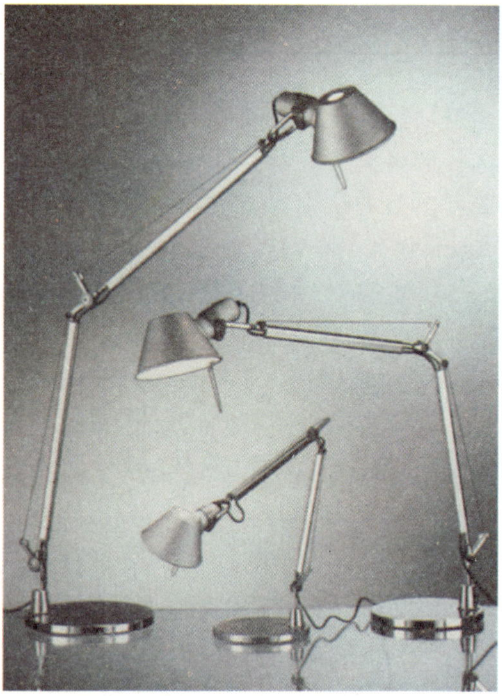

图5-17 护眼台灯

图5-18 钓鱼落地灯

用于重点照明及局部照明适合各类场所，选择时注重外形档次和所产生的光影效果，是典型的装饰灯具。

（2）轨道射灯。由轨道和灯具组成的，使用卤素光源，可以实现在同一根轨道上以吸顶、嵌入、悬挂的安装方式安装许多灯具，简化了电路安装并且可以使用软性轨道。灯具能沿轨道移动，并且可改变投射的角度，是一种局部照明用的灯具，主要特点是可以通过集中投光以增强某些特别需要强调的部位，已被广泛应用在商场、展览厅、博物馆等场所以增加商品、展品的吸引力为主要作用。另外，壁画射灯、窗头射灯等也属于轨道射灯的范围（图5-20）。

（3）吸顶射灯（图5-21）。吸顶射灯安装更灵活，可以满足不同部位的重点照明，造型众多，灯杆的杆长可以根据需要选择，灯头可以多角度旋转，从而满足不同场合的需要。

（4）幻影射灯(图5-22)。幻影射灯外形美观流畅， 灯罩采用优质铝型材，抗紫外线效果好；灯头和灯杆可作调节，可满足不同的照射需求；具有良好的定向角度配光曲线；散热性能良好，阻燃性更高，消防安全有保障，多用于舞台照明。适用于酒店、商业场所、展厅、精品店、家庭等照明的应用。

8. 日光灯

日光灯（图5-23）又称荧光灯，

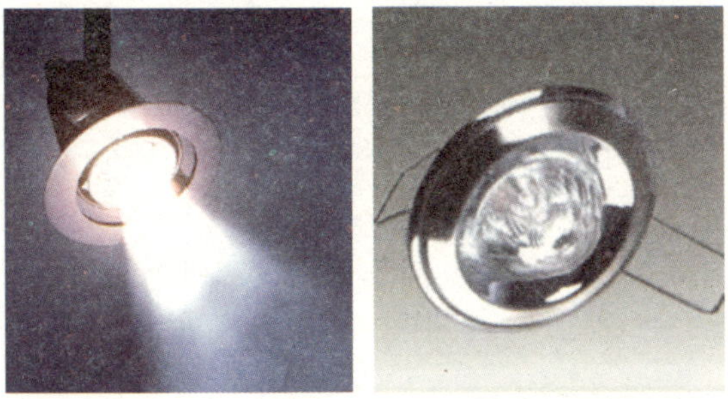

（a）　　（b）

图5-19 天花射灯

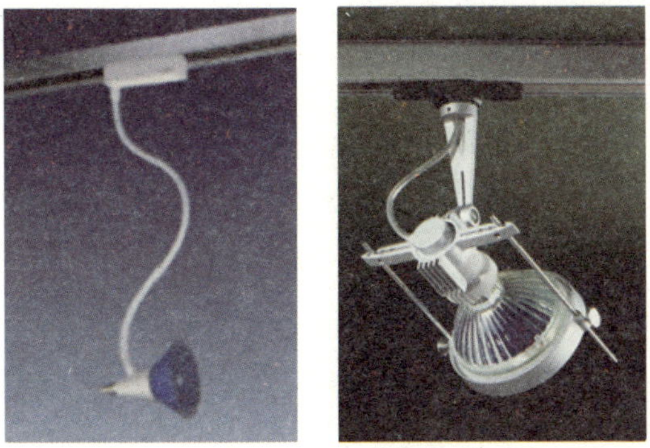

（a）　　（b）

图5-20 轨道射灯

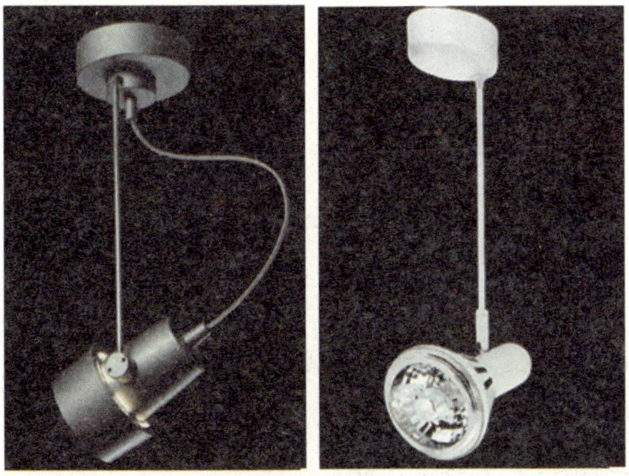

（a）　　（b）

图5-21 吸顶射灯

图5-22 幻影射灯

属于低压气体放电灯，在玻璃管中充有容易放电的氩气和少量的水银，通过激发荧光物质发光。日光灯分为插拔式节能灯、节能灯、管型荧光灯都属于荧光灯范围，在造型上也有柱型、环型、U型等多种。荧光灯光效高，使用寿命长，其最大特点是光亮、节能、散射、无影，是典型的一般照明的灯具，装饰效果相对差些，是使用较广泛的灯具。

9. 罩灯

罩灯也叫吊线灯，灯罩采用硬质塑料、玻璃、不锈钢等材质，使用灯罩将灯光罩住固定地投射于某一范围内的灯具，内置变压器具有过载保护功能（图5-24、图5-25）。灯具采用独有的平衡装置，精致美观，结实不易破碎，造型别致，具有现代感，便于创造柔和的室内环境。一般用在顶棚、床头、商场、餐厅等空间使用，常以悬挂形式出现，餐厅中安装罩灯的比较多，最好选择可调节的线灯，灯光应限制在餐桌正上方范围内，最低点一般距离桌面800mm左右，即能突出餐桌，又引起人的注意，更能增加食欲。

10. 格栅灯

格栅灯根据安装方式不同分为嵌入式格栅灯和吸顶式格栅灯，能提高灯具效

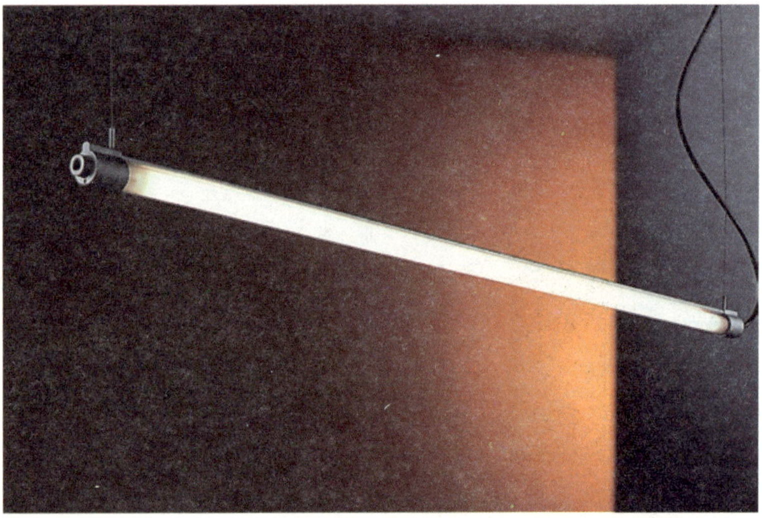

图5-23 日光灯

图5-24 玻璃罩灯

图5-25 塑料罩灯

图5-26 办公空间格栅灯

率和抑制不舒适的眩光，使空间明亮，并可以组成各种长度的连续型光带，被广泛地应用在办公场所（图5-26）。常见的有镜面铝格栅灯、有机板格栅灯，它们具有防腐性能好、不易褪色、透光性好、光线均匀、节能环保，防火性能好的特点，符合环保要求。常用的规格有600mm×600mm、600mm×1200mm，规格和天花吊顶矿棉板、铝塑板等材料尺寸统一，施工方便。

11. 光纤灯

光纤由液体高分子化合物聚合而成，光纤传光、发光，不发热、不导电，具有导光性、省电、耐用、无污染、可弯曲、可变色，环境适应范围广，节能环保，使用安全等特点。光纤照明可以创造出十二星座、流星雨、星空风瀑、流水瀑布、光纤幕墙、垂帘、光晕轮廓等绚烂多彩的效果。市场上常用光纤种类有光纤吊灯（图5-27）、光纤射灯、塑料光纤（图5-28）、光纤水晶灯等，光纤水晶灯是由光纤光源与水晶的完美搭配，成为光纤水晶灯，不但颜色多元化，比起一般的水晶灯，能使每颗水晶的中心都十分明亮，从而使灯的光线分布比较均匀，使用起来更加安全。塑料光纤光线比较柔和，大大地减少光污染，是近年来的新技术，广泛应用于建筑物装饰照明，景观装饰照明，文物工艺品照明，商场、展览馆、娱乐场所、居家装饰及特殊场合照明等（图5-29、图5-30）。

12. LED灯

LED是英文Light Emitting Diode（发光二极管）的缩写，它的基本结构是一块电致发光的半导体材料，置于一个有引线的架子上，然后四周用环氧树脂密封，起到保护内部芯线的作用，利用注入式电致发光原理制作的二极管叫发光二极管，通称LED。此种灯具有显著的节能效果，使用寿命长，内置驱动控制器，能产生整体灯光变化效果，并安装特殊的散热设计，防护等级高、稳定可靠，完全能达到绿色环保，它可以达到其他灯光所不能实现的大范围、大场景的照明，适用于建筑物及立交桥、广场、街道、车站、码头、庭院、舞台、室内空间及娱乐场所等。

水立方艺术灯光景观就使用了50多万支LED灯，是全球标志性的景观灯光项目，水立方采用空腔内透光的照明方式，是目前世界上最大的膜结构建筑的LED景

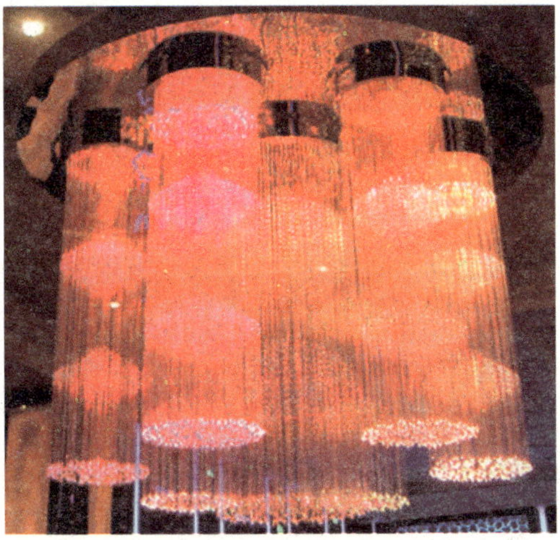

图5-27 光纤吊灯

图5-28 塑料光纤

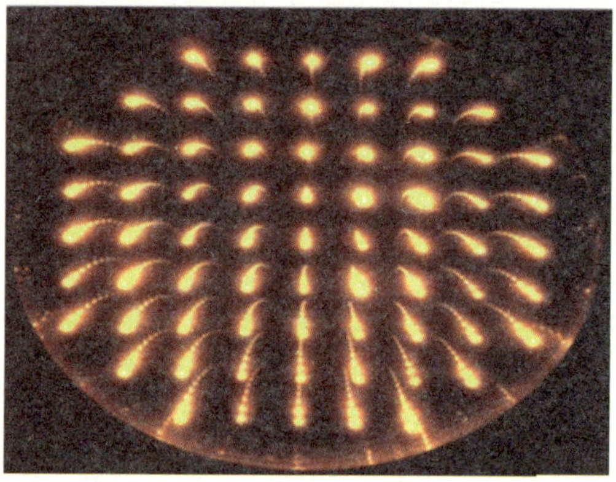

图5-29 光纤光盘

图5-30 光纤水幕

图5-31 LED灯—水立方1：欢迎效果

图5-32 LED灯—水立方2：水之方

图5-33 LED灯—水立方3：水之柔美

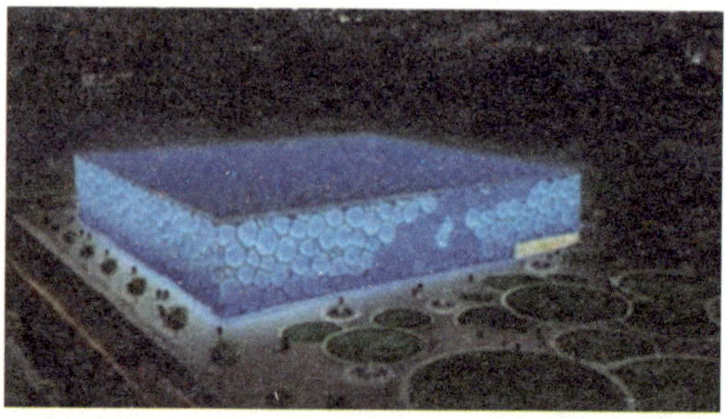

图5-34 LED灯—水立方4：水之力

图5-35 LED灯—水立方5：水之花

图5-36 LED灯—水立方6：水之鱼游

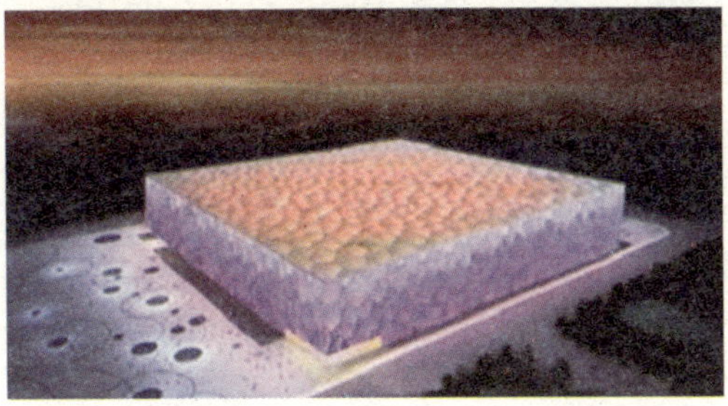

图5-37 LED灯—水立方7：水之霞光

图5-38 LED灯—水立方8：水之波影

观照明方案。水立方照明中，在夜晚将最大程度展现它的玲珑剔透、恬淡迷人的特征，通过灯光赋予它一种海水波澜般的动感照明效果，可模拟波光粼粼的水面，也可通过模拟光在水中的折射、透射和反射，模拟水下光感，从视觉上达到一定的进深感、体积感和浑然一体感。水波及其带来的光的变幻为必备主题， 水立方可呈现出不同的“表情”、不同的亮度、不同的颜色。在夜晚，这个湛蓝色的水分子建筑是灯光设计的完美诠释（图5-31~图5-38）。

13. 国外大师灯具设计作品欣赏

以上灯具是在室内光环境设计当中使用的比较多的种类，除此以外，还有应急灯具、舞台灯具、园林灯具、建筑照明灯具以及艺术欣赏灯具等，这里不再一一介绍，请大家欣赏一组国外大师的灯具设计作品见图5-39。

（a）

（b）

图5-39（一） 国外现代灯具

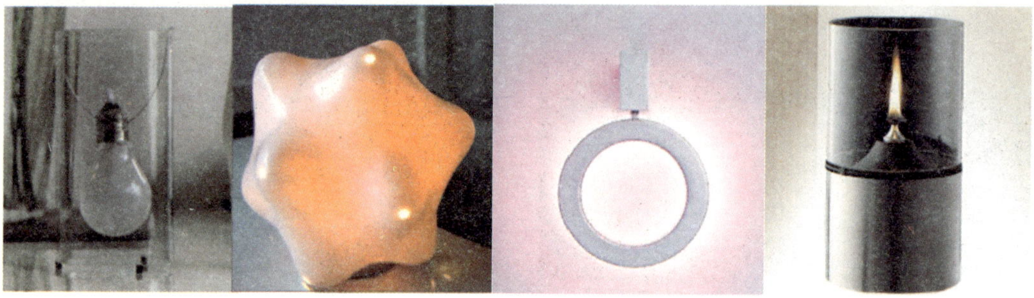

（c）（d）（e）（f）

图5-39（二） 国外现代灯具

本章教学引导

【教学目标】

了解照明设计的基本原则及分类、方式，掌握照度、光色、亮度之间的关系，重点学习掌握室内常用灯具种类的性能特征，了解光的艺术特性，学会结合天花造型图布置灯具。

【教学要求】

本章通过介绍照明相关知识，重点在学习基础理论知识的基础上，学会绘制室内空间设计中的天花布置图图纸，掌握灯具布置的规律及简单住宅空间的电路图识图，为其他知识单元进行理论积累。

【职业能力目标】

知识要点（专业能力）	方 法 能 力	社 会 能 力
室内常用灯具种类及运用	知识传授案例教学法、主题法、合作法、课题任务法	通过真题实做,丰富理论基础
照明类别与布局形式	技能训练项目驱动法和素质培养过程贯彻法、情景法	通过大量的实例训练，切实提高学生的综合知识、应用技能和职业素质

【案例导入、问题导入】

通过教室内灯具的属性讲解，引入本章所要讲述的知识内容。

【知识链接】

了解各种灯具的应用，了解最新灯具设计动态，浏览香港和日本等经典设计网站，分析经典效果图中照明案例，并进行分析，积累素材。

【应用案例】

项目一：上机操作起居室的天花布置图设计（注意光环境的合理运用），要求灯具造型选择合理，符合亮的及显色性方面的技术要求。

项目二：调研灯具市场，总结市场上流行的灯具类型、品牌、价格等，最后汇总形成数据表格。

【课外阅读、参考材料】

1. 中国照明网

http://www.lightingchina.com

2.中国照明设计网

http://www.lightingdesign.cn

3.阿拉丁灯

http://www.aladdin-arts.com

【练习题】

1. 餐厅的照明应怎样设计？

2. 客厅的照明设计应从哪些方面考虑？

3. 卧室灯光的设计应注重哪些？卧室灯具怎样选择？

4. 卫生间灯具都应当是怎样的？

【项目实施要求】

掌握天花布置图的绘图规范，熟记室内空间内常用的各种灯具的图例，先以手绘的形式设计，确定无误后再输入电脑。

【项目实施与评估】

本章课程项目，采用教师示范—学生临摹—学生创作—教师讲评—学生打分—综合讲评的方式进行评估。

【项目规范及制作方式】

完成方案中的天花布置图，合理的配置灯具种类，设计灯具色彩及照度与空间合理搭配，严格按照制图规范设计，并绘制灯具图例表。

【本章小结及作业小结】

本章重点讲述照明基本知识及室内装饰常用的灯具种类，对于电路及电量、灯具光通量计算等知识点没有作为学习项目，实际工程中有电路工程专业人员共同完成，平时学习中多注意观察日常生活中的照明设备的基本常识，有助于专业设计知识量的储备。

第六章　室内材质设计

室内装饰材料是室内装饰工程的物质基础，装饰设计必须通过一定的材料制作加工才能成型，材料的存在是实现使用功能和装饰效果的必要条件。室内装饰材料，不仅能改善室内的艺术环境，使人们得到美的享受，同时还兼有绝热、防潮、防火、吸声、隔音等多种实用功能，可延长建筑物的使用寿命以及满足某些特殊功能，是现代建筑室内外装饰不可缺少的物质元素。如今市场上新型材料变化多端，根据室内装饰工程的需要及装饰行业新材料的流行与应用等问题，本章重点介绍室内装饰工程中常用的饰面材料及新型装饰材料。

所谓的室内装饰材料是指用于建筑空间内部墙面、天棚、柱面、地面等界面的基层及饰面材料。室内装饰工程中常使用的装饰装修材料也可以称为室内建筑装饰材料。

第一节 室内装饰材料概述

一、室内装饰材料的作用

（1）改善室内环境。用于室内装饰工程的材料，使人们得到美的享受，通过材料的质感、纹理、花纹、颜色的搭配，能使建筑空间获得艺术价值和文化价值。

（2）实用主义功能。装饰材料能起到绝热、防潮、防火、吸声、隔音等多种功能，并能保护建筑主体结构，满足建筑室内的基本功能。

（3）材料是由设计到工程实施过程中的有效途径和基本手段。材料为装饰的表现起到强化、丰富的作用。材料是装饰艺术的载体，设计理念的更新，促进了装饰材料的发展，以此来满足人们猎奇、追新、求异等需求。

二、装饰材料的分类

室内装饰材料种类繁多，市场的多元化带动着建筑装饰材料科技化的新时代，装饰材料已经脱离早期装饰工程的以满足简单装修所需的材料阶段，虽说新材料生产研发日新月异，但材料的基本性能还是不变的，按照不同角度具体分类如下：

（1）按材质分为塑料、金属、陶瓷、玻璃、木材、无机矿物、涂料、纺织品、石材等种类。

（2）按功能分为吸声、隔热、防水、防潮、防火、防霉、耐酸碱、耐污染等种类。

（3）按装饰部位分为墙面装饰材料、顶棚装饰材料、地面装饰材料。

在以上装饰材料中，功能都不是单一的，需要互相搭配使用，才能体现出效果，因此设计师要处理好设计与施工的关系，把握设计思想与客观现实及施工环境的相互统一。要求设计必须结合装饰材料的性能才能灵活设计，通过材料的搭配使用，来实现功能设计、形式设计、个性设计、效果设计，最终来展现材质设计的完整性。材料的实施是材质设计的表现，材质是室内设计的美丽外衣。

三、装饰材料的基本特征

室内装饰材料能体现出空间的意境与氛围，但要通过材料的质感、线条、色彩才能表现出来的，材料的功能与效果也是要通过材料的基本特征来展现，任何一种装饰材料都需具备以下特征，在选择具体部位材料时，综合考虑材料的多项性能，才能运用自如。

（1）颜色、光泽、透明性。

（2）表面组织。

（3）形状和尺寸。

（4）平面花饰。

（5）立体造型。

（6）基本使用性。

四、材料的选择

室内装饰的目的就是造就一个自然、和谐、舒适而整洁的环境，材料的选择是在设计创意过程中不可缺少的。不同材质的特征，体现不同的空间个性，极大地影响着室内环境的效果。室内装饰材料的选用应根据材料装饰的部位、所处的地域和气候环境、场地与空间的大小、民族习惯及个人信仰、经济条件等几方面综合考虑，才能达到运用自如。另外，装饰材料种类繁多，但伴随着科技应用技术的多元化，现有材料满足不了市场的需求，这就需要运用新的科技手段研发各种性能的新材料，在丰富市场的同时，也给我们装饰工程选材增大了空间。

第二节 材料的材质与质感设计

一、材质与质感

材质：是材料本身的组织与构造，是材料的自然属性。材质包含材料的外在形态、色彩、质地、肌理，是人的视觉对材料表面特征和材料一般物理属性的综合反应和综合印象。不同材料的质地，在受光条件下，其外表形成不同的视觉形态。如木材纹理给人别致、自然淳朴、轻松舒适的感觉；石材光泽度高、稳重、雄伟庄严给人坚硬、深沉、冰冷、挺拔刚劲的感觉；铝合金轻快、明丽，金银光亮给人辉煌、华丽、高贵的感觉；塑料细腻、致密、光滑、给人优雅、轻柔的感觉；有机玻璃明洁透亮给人温暖、亲近的感觉。

质感：质感是材料的表面组织结构、花纹图案、颜色光泽、透明性等给人的一种综合感觉，是人们对日常使用的材料产生的材质感受。组成相同的材料可以有不同的质感，如普通清玻璃与冰裂磨砂玻璃镜面；花岗岩与人造石等。设计师在设计运用中，需依靠材质本身体现设计内涵，灵活运用材料质感，才能搭配出多样化的外观效果。

肌理：是指材料表面因内部组织而形成的有序或无序的纹理，其中包含对材料本身经过再加工形成的图案及纹理。肌理是质感的形式，反映材料表面的形态特征，使材料的质感体现更具体。

注重材料的自然美在装饰艺术创作中的作用,并非是为了表现材料而表现材料，而是利用装饰材料的主要特性来深化设计创意，主要从材料的肌理美感、色彩美感、质地美感三方面体现各种材料的质感。

（1）材料的肌理美感是指材料本身的纹理、图案等，是质感的形式要素，反映材料表面的形态特征，使材料的质感体现更具体。

（2）材料的色彩美感指材料自身的天然色泽。

（3）材料的质地美感指材料特有的质地，质地是质感的内容要素，是物面的表面特征。

在室内环境中，人们主要通过触觉和视觉感知实体物质，对不同装饰材料的肌理和质地的心理感受差异较大，要巧妙地利用材料的质地处理肌理效果，这样每一种材料都会显露出它特有的美。设计师也能在材料抽象美的启迪下，把艺术构想与材料的自然属性融为一体，将材料的外表美与装饰艺术互相结合。

图6-1 同一质感的组合

二、装饰材料质感的组合方式

1. 同一质感的组合(图6-1)

采用同一材质的饰面板装饰墙面或家具，可以采用对缝、拼角、压线手法，通过肌理的横直纹理设置、纹理的走向、肌理的微差、凹凸变化来实现组合构成关系。

2. 相似质感的组合（图6-2）

同属木材种类的桃木、梨木、柏木的纹理有差异，但这些相似肌理的材料组合，在环境效果上起到渐变和过渡作用。

3. 对比质感的组合(图6-3)

几种质感差异较大的材料组合，会得到不同的空间效果，能充分地体现出材料的材质美，如软硬材料对比；光滑粗糙材料对比等。除了材料质感对比组合手法

图6-2 相似质感的组合

图6-3 对比质感的组合

图6-4 不同光源对同种材料色彩的影响（一）

外，设计中还常运用平面与立体、大与小、粗与细、横与竖、藏与露等设计方法,也能产生相互对比的作用。

三、光环境对材质的影响

同种材料在不同光照下，其显示出来的效果有很大的色彩差别，在搭配室内色彩时，不仅要考虑材料本身的固有色，还要细致处理光源的色彩对材料质感效果的影响，在不同光照情况下，材料会显现出不同的质地与色彩。

1. 光源颜色不同，对材料色彩的影响

暖色材质受冷光源的影响，会感觉明亮；冷色材质受暖光源照射，会改变生冷的感觉。不同光源对色彩变化影响程度各不相同(图6-4、图6-5)，一般情况下，红光最强，白光最弱，再次为绿、蓝、青、紫等。

2. 光照位置不同，对材料的质地有影响

正面受光(图6-6和图6-7)，对材料起到强调作用；侧面受光，材料会产生彩度，明度，粗糙与细腻上的变化；背面

图6-5 不同光源对同种材料色彩的影响（二）

图6-6 人工光源正面照射对材料色彩的影响

图6-7 自然光源正面照射对材料色彩的影响

受光，材料色彩与质地处于模糊状态，起到特殊的逆向效果（图6-6、图6-7）。

3. 光对材料质地影响

光滑坚硬的材料如玻璃、镜子、金属、瓷器等反光效果较强，能使室内空间扩大（图6-8）；粗糙的材质则会吸收光，如砖、泥土等没有明显高光点，反射光效果较弱（图6-9）。

图6-8 光源对光滑材料色彩的影响

图6-9 光源对粗糙材料色彩的影响

第三节 室内装饰工程常用材料

室内装饰的目的是为了美化空间环境，创造较好的使用性与欣赏性的空间效果，装饰效果的好坏，在很大程度上取决于材料的选择与应用。通过材料的色调与质感、形状与尺寸、工艺与手段，来打造不同的室内装饰效果。因此材质及其配套产品的选择应用与整体空间环境要相协调，在功能内容上与室内艺术形成统一，要充分考虑到整体环境空间的功能划分、材料的外观效果、材料的功能性以及材料的价格等综合性问题。

一、饰面石材

饰面石材分为天然石与人造石两类，天然石又主要分为两种：大理石和花岗石（表6-1）。

（一）天然石材

1. 大理石

广义上来说，凡是有纹理的石材统称为大理石；图案以点斑为主的称为花岗石。狭义上来说，大理石指的是云南大理出产的石材，但事实上，受各种条件限制，现在全国各地的大理石很少是产自云南大理的。概括来说，也就是现在市场通俗的说法是一般有纹理的都是变质岩，通称大理石了，而显点斑结晶颗粒的，也就通称花岗石了。

从地质形成来区分，花岗石是火成岩，大理石是变质岩。花岗石也叫酸性结晶深成岩，是火成岩中分布最广的一种岩石，由长石、石英和云母组成，其成分以二氧化硅为主，约占65%～75%，岩质坚硬密实。大理石是变质岩，是地壳中原有的岩石经过地壳内高温高压作用形成的。大理石主要由方解石、石灰石、蛇纹石和白云石组成。其主要成分以碳酸钙为主，约占50%以上。其他成分还有碳酸镁、氧化钙、氧化锰及二氧化硅等。

大理石一般都含有杂质，而且碳酸钙在大气中受二氧化碳、碳化物、水汽的作用，也容易风化和溶蚀，而使表面很快失去光泽。大理石一般性质比较软，表面有细孔，所以在耐污方面比较弱。除少数的品种，如汉白玉、艾叶青等质纯，杂质含量少的比较稳定耐久。这些可用于室外，其他品种不宜用于室外，一般只用于室内装饰。大理石在室内装修中常用在电视机台面、窗台台面、公共场所室内墙面、柱面、栏杆、窗台板和服务台面等部位。大理石是中硬石板，板材的硬度较低，如在地面上使用，磨光面易损失，所以尽可能不要将大理石板材用于地面，但在装饰等级比较高的住宅或酒店、宾馆等局部空间，地面可以用大理石板材铺装客厅的地面，常用拼花的装饰手法，大理石给人高贵典雅的视觉效果，但在住宅装饰中很少用；大理石板材做墙面装饰，主要是因为在墙面装饰中大理石的施工操作技术要求很高。另外，大理石还可制作各种装饰品，如壁画、屏风、座屏、挂屏、壁挂等，还可用来拼镶花盆和镶嵌高级硬木雕花家具。

2. 花岗石

花岗石属于硬石材，质地坚硬、耐酸碱、耐腐蚀、耐高温、耐光照、耐冻、耐摩擦、耐久性好，外观色泽可保持100年以上。花岗石材色彩丰富，晶格花纹均匀细致，经磨光处理后光亮如镜，质感强，有华丽高贵的装饰效果。花岗石板材的表面加工程度不同，有的质感粗糙，有的质感细腻。一般来说镜面板材和饰面板材表

表6-1　常见的大理石、花岗石品种对比

大理石品种	大理石图片	花岗石品种	花岗石图片
爵士白		山东白麻	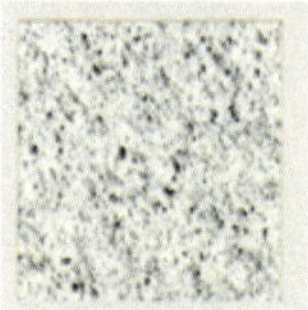
紫罗红		玫瑰红	
墨玉		黑金砂	
浪花白	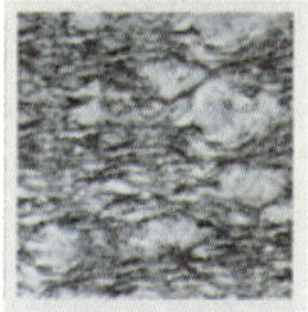	樱花红	
珊瑚红		贵妃红	
大花白		芝麻白	
深啡网		印度红	
金线米黄		金钻麻	

面光滑，多用于室内墙面和地面，也用于部分建筑的外墙面装饰，铺贴后形影倒映，整齐厚重，富丽堂皇。麻面板材表面质感粗糙、主要用于室外墙基础和墙面装饰，有一种古朴、回归自然的亲切感。

花岗石不易风化变质，多用于墙基和外墙饰面，也用于室内墙面、柱面、窗台板等。常见于高级建筑装饰工程大厅的地面，如宾馆、饭店、礼堂等的大厅。花岗石板材色彩花纹种类繁多，在设计施工的选择中，应考虑整个室内空间的装饰要求及整体效果是否与其他部位的材料色彩、风格相协调。

（二）人造石材

人造石材是以不饱和聚酯树脂为粘结剂，配以天然大理石或方解石、白云石、硅砂、玻璃粉等无机物粉料，再加入适量的阻燃剂和颜料等，经配料混合、浇铸、振动压缩、挤压等方法成型固化，制成一种具有色彩艳丽、光泽如玉的酷似天然大理石的人造石材。人造石材是人们根据实际使用过程中，针对天然石材的性能不足而研究出来的，它在防潮、防酸、防碱、耐高温、拼凑性方面都有很大的改进。

1. 常见种类

按照所使用粘结剂不同，可分为有机类人造石材和无机类人造石材两类。按其生产工艺过程的不同，又可分为复合型人造石、亚克力型人造石、聚酯板型人造石三种常见的类型。聚酯型最常用，其物理化学性能亦最好。

（1）复合型人造石，韧性较好，自然开裂的现象较少。

（2）亚克力型人造石，具有更高的硬度，更好的韧性，温差大的情况下不会产生自然开裂，但价位偏高。

（3）聚酯板型人造石的韧性差，温度变化易开裂，表面硬度差，易刮伤。

2. 主要产品及常用品牌

（1）美国杜邦—可丽耐是最高档产品。杜邦可丽耐，适用于厨房台面，市场零售价格在1800~4000元/延米，采用纯进口亚克力材质。

（2）国内以杜邦—蒙特利、华讯耐美石为主要代表,为中高档产品。

（3）杜邦蒙特利系列产品市面上常见的有米兰石、丽家石等。米兰石市场零售价在650元/延米，丽家石市场零售价在450元/延米。

3. 特点及性能

（1）人造石外表光洁，没有气孔、麻面等缺陷，实体面材不渗透，色彩多样，基体表面有颗粒悬浮感,具有一定的透明度。

（2）具有足够的强度、刚度、硬度，特别是耐冲击性、抗划痕性更好，坚固耐用，不变形，对水、油、污渍、细菌有很强的抵抗力，容易清洗。

（3）耐久性较好，具有耐气候老化，抗变形和骤冷骤热性好。

（4）属于环保型材料、无毒、无辐射。

（5）柔韧性好、可塑性强，可加热弯曲成型，拼贴可以使用与其配色的胶水，接缝处施工简便，接缝处不明显，表面整体性强。

4. 人造石产品主要用途

常用于厨柜台面、卫生间洗手台、窗台台面、门窗套、茶几、餐桌、窗套、装饰墙、腰线、踢脚线、吧台、浴盆、游泳池、隔断板、浴室墙面、LOGO墙立柱、灯箱、楼梯扶手、电视柜台面等，还可应用于酒店、银行、医院、机场、餐厅、学校等公共场所，也可以浇铸成各种雕塑装饰品、工艺品、礼品牌、招牌、展示牌等，是替代天然大理石和木材的新型绿色环保建材，也是比较受欢迎的装饰材料。

（三）微晶石

微晶石也称微晶玻璃、玉晶石、水晶石、结晶化玻璃、微晶陶瓷，是一种采用天然无机材料，运用高新技术经过两次高温烧结而成的新型环保高档建筑装饰材料(图6-10)。它集中了玻璃与陶瓷的特点，但性能却超过它们，在机械强度、耐磨损、耐腐蚀、电绝缘性、介电常数、热膨胀系数、热稳定和耐高温等方面均大幅度优于现有的工程结构材料（陶瓷、玻璃、铸石、钢材等）。比起天然花岗石、大理石有更好的装饰效果。微晶石是近年来在建筑行业流行的装饰材料，它华贵典雅、色泽美观、耐磨损、不褪色、无放射性污染等优秀的性能，经常在大型建筑物内外装饰中闪亮登场，成为现代建筑装饰首选之石。

1. 主要用途

建筑物外墙干挂，内墙铺贴或地面装饰，是星级酒店、宾馆、机场、写字楼和家庭的顶级装饰材料，逐步代替了天然石材和陶瓷的高档墙地装饰材料并且代表地方形象与风格，其装饰效果典雅、豪华气派。此产品价格高低差异较大，白色微晶石价格比较便宜，颜色越深越贵，常用尺寸为1200mm×2400mm×18mm，微晶石地砖价格比较贵，每平方米100~400元之间，一般常用在高档装修场所。

2. 特点及运用

（1）无辐射性，无污染，不会像天然石材那样产生对人体有害的放射性元素，是新一代的绿色环保型建材产品。

（2）无色差，色纯净，有白、黄、蓝、绿、灰、黑、红等系列，又以白、米、灰三个色系最为设计师所喜爱，也能生产一些天然石材没有的颜色。

（3）光泽度100%，几乎不吸水，远远大于瓷制抛光砖和石材。

（4）经久耐用、耐酸、耐碱、不变色。

（5）密度高、强度大、折晶度好、结构致密均匀，比天然石材更坚硬、更耐磨。

（6）抗冻性、抗热、抗震性好，耐急冷急热性能良好。

（四）水磨石

水磨石是以水泥作凝聚材料，大理石粒为骨料，掺入不同色彩，经过搅拌、养护、研磨等工序，制成的一种具有装饰效果的人造石材（图6-11）。水磨石原料丰富，价格较低，施工工艺简单，装饰效果好，广泛用于室内外装饰工程中。现今，

图6-10 微晶石

普遍使用防静电水磨石，此类别水磨石性能优于传统水磨石，其成本低、工艺简易、施工灵活、在防静电性能和建筑性能上表现更为优良。

水磨石的特点及运用具体如下：

水磨石花色样式很多，色泽艳丽光亮，不燃烧、不起尘、不吸潮、无异味，无任何环境污染，可做地面、台板、台面等，常用在公共空间大面积的地面，如学校教室的地面，工厂车间地面，施工方便，可以现场整体浇制，装饰分格用铜分格条，打普通地板蜡即可维护保养，不影响其防静电性能。地坪表面平整、光滑、清洁、坚硬、耐老化、耐污损、耐腐蚀。

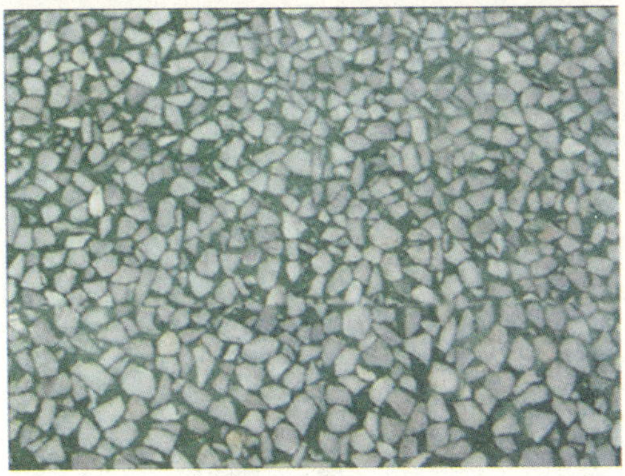

图6-11 水磨石

二、木材

1. 木方

装修中常用的一种材料，有多种型号，木方是装饰装修中常用的骨架和基材，用来支撑造型、固定结构，也称为木龙骨。一般是用在吊棚做木龙骨或者装饰造型中结构连接部位，木方常用的规格一般分为30mm×30mm、30mm×40mm、30mm×50mm，我们俗称3个方或者5个方。

（1）常用种类。包括落叶松木方、白松木方、杉木木方（图6-12）等。

（2）分类。

1）根据使用部位来划分，又可分为吊顶龙骨、铺地龙骨以及悬挂龙骨等。

2）根据装饰施工工艺不同，还有承重龙骨及不承重龙骨等。

（3）特性与运用。装饰工程中，多用在造型的内部结构，如天花龙骨、隔墙基础、地板龙骨、木作造型龙骨等，是室内外装饰工程中不可缺少的装饰基层材料。

图6-12 杉木木方

2. 板材类

（1）纤维板（图6-13），是用木材或植物纤维作为主要原料，经机械分离成单体纤维，加入添加剂制成板坯，通过热压或胶粘剂组合成人造板。纤维板表面光洁、质地坚实、使用寿命超长，厚度主要有3mm、4mm、5mm三种。纤维板表面经过防水处理，其吸湿性比木材小，形状稳定性、抗菌性都较好，且含水率低，常用在建筑工程、家具制造、橱柜门芯装饰，还可用作计算机室抗静电地板、护墙板、防盗门、墙板、隔板等的制作材料。

图6-13 纤维板

（2）细木工板（图6-14），俗称大芯板，是由两片单板中间粘压木板，它将原木切割成条，拼接成芯，外贴面材加工而成，其竖向抗弯压强度差，但横向抗弯压强度较高，按树种可分为柳胺木、榉木、柚木、杨木、桦木、松木、泡桐等，杨木颜色偏白，杉木颜色偏黄，柳胺木颜色偏红，杨木木质最差，柳胺木木质最好。现在市场上使用的细木工板大部分是实心、胶拼、双面砂光、五层的细木工板，尺寸规格为1220mm×2440mm，常用的厚度有12mm、15mm、18mm等。

1）特性。①强度高，具有质坚、吸声、绝热等特点，而且含水率不高，在10%~13%之间，加工简便，用途最为广泛；②细木工板比实木板材稳定性强，但怕潮湿，施工中应注意避免用在厨卫等潮湿环境使用；③材质软，便于木工加工造型。

2）用途。广泛用在家具、门窗及门窗套、隔断、天花造型、假墙、暖气罩、窗帘盒、造型墙等，是室内外装饰工程必备的基层材料。

（3）集成板（图6-15），是一种新型的实木材料，利用短小木材像手指一样交错拼接成的大幅面板材。它一般采用优质木材，目前较多的是用杉木作为基材，经过高温脱脂干燥、指接、拼板、砂光等工艺制作而成。它克服了有些板材使用大量胶水、粘接的工艺特性。目前，此产品广泛流行于中高档装修工程中，同时也是室内装修最环保的装饰板材之一。其特性及运用如下。

1）环保性。由于工艺不同集成板甲醛含量较低，是细木工板允许含甲醛量的1/8。

2）美观性。集成板是原质原味的天然板材，木纹清晰，自然大方，有回归自然的天然朴实感。

图6-14 细木工板

图6-15 集成板

3）稳定性。集成板是经过高温脱脂处理，再经榫结构拼成，经久耐用，不生虫、不变形，还散发出木质淡淡的清香。

4）经济性。集成板表面经过砂光定厚处理，平整光滑，制作装饰造型、家具时表面无须再贴面板，可以直接刷漆，省工省料，经济实惠。

5）实用性。集成板规格厚度有多种，常见的有12mm、15mm、16mm、18mm、20mm等，制作家具时可根据部位的不同分开使用厚度，既美观又省钱，适合各种装修使用。

（4）刨花板（图6-16）。刨花板是由木刨花或木纤维组成，如木片、锯屑等经过干燥，拌以合成树脂胶料、硬化剂、防水剂等，在一定的温度压力下压制成的一种人造板，也称碎料板。

1）成本低，常用芯板材料，容重均匀，厚度误差小，其稳定性差，属于低档装修材料。

2）刨花板表面平整，纹理逼真，边缘粗糙，容易吸湿，制作家具时边缘暴露部位要采取相应的封边措施处理，可防止变形又增加美观效果。

3）有良好的吸音和隔音性能。

4）刨花板耐污染、耐老化、美观，可进行油漆和各种贴面处理。

5）刨花板属于握螺钉力低的材料，抗弯性和抗拉性较差，密度疏松易松动。

6）刨花板的幅面尺寸较多，适合各种尺寸的造型，常见的厚度为：6mm、8mm、10mm、12mm、13mm、16mm、19mm、22mm等，板材厚度越大，含胶量越大。

刨花板在建筑装饰装修中主要用于隔断墙，室内墙面装饰板制作普通家具等。刨花板表面常以三聚氢氨饰面双面压合，经封边处理后与中密度板的外观相同，也是橱柜制作的主要材料。同时它的胶含量大，可利用其制成直接安装的半成品建筑装饰板。

三、地板

目前，市场上出售的地板主要有实木地板、强化复合地板、实木复合地板、软木地板和竹地板等等。由于各种木地板材质的不同，生产工艺也不同，造成其装饰效果、价格和质量的不同。

图6-16 刨花板

（一）实木地板

实木地板是采用天然木材制作而成，具有自然美、舒适保暖的特点。

1. 按木质划分

按木质划分，主要有柞木、柚木、水曲柳、楸木、桦木、橡木等类。

柚木是木材中的优质品种，纹理漂亮，木材呈黄褐色，材质性能好，可以匹配各种树种的实木家具，尤其适合欧式新古典主义家具和中国古典家具，但价格较高。柞木也是木地板的上乘材料，纹理变化多样，多山水纹和水波纹，相当美观（图6-17）。橡木颜色淡，因此也被称为“白橡”，力学强度高，耐磨损，价格在200元/㎡左右(图6-18)。水曲柳地板以长白山产地的性能最佳，纹理清晰、装饰效果好、价格适中。桦木的各项性能指标均不及以上三种，但价格较低。

2. 按结构形式划分

（1）平口实木地板。形为长方体、四面光滑、直边，生产工艺较简单。

（2）企口实木地板。整块地板是由一块木材，经开榫槽及背槽直接加工而成，产品技术要求比较全面。

（3）拼方、拼花实木地板。是由多个小块地板按一定的图案拼接而成，多呈方形，其图案有一定的艺术性或规律性。生产工艺比较讲究，要求的精密度高，特别是拼花地板，它可能由多种木材拼接而成，而不同木材特性是不一致的。

图6-17 柞木实木地板

图6-18 橡木实木地板

（4）竖木地板。以木材横切面为板面，呈正四边形、正六边形，其加工设备也是较为简单，但加工过程的重要环节是木材改性处理，关键克服湿胀干缩开裂。

（5）指接地板。由相等宽度，不等长度的小地板条胶合而成，并有榫和槽，一般与企口实木地板结构相同，并且安装简单，自然美观，变形较小。

（6）集成地板。由宽度相等小地板条指接起来，再横向拼接而成。这种地板幅面大，边芯材混合并互相牵制，性能稳定，不易变形，色彩纹理给人一种天然的美感（图6-19）。

3. 实木地板的特性及运用

（1）保持了原木自然温暖的特点，容易与室内其他家具饰品和谐搭配，给人以温馨、舒适、干爽、回归自然之感。

（2）安装比较麻烦，价格较高。地板木质细腻干燥，受潮后易收缩，产生反翘变形现象，不耐磨、易腐蚀，使用时间久后会发黑失去光泽，一般一个月打蜡一次，保养非常复杂。

（二）实木复合地板

复合木地板是近几年来流行的地面材料，是由不同树种的板材粉碎后，添加胶、防腐剂、添加剂后，经热压机高温高压处理而成，克服了实木地板单向同性的缺点。复合木地板强度高、规格统一、板面坚硬耐磨、干缩湿胀率小，具有较好的尺寸稳定性，并保留了实木地板的自然木纹和舒适的脚感。同时解决了实木地板易变形不耐磨的缺陷，而且脚感特别舒服，又弥补了实木地板难保养的缺点，复合地

图6-19 集成地板

图6-20 榆木实木复合地板

板无需上漆打蜡，易打理，使用广泛，代表了强化木地板的发展方向，是很好的环保材料。图6-20为榆木实木复合地板。

（三）强化复合地板

强化复合地板由四层结构组成，分别是耐磨层、装饰层、基材层与防潮层四层。第一层最关键，由Al_2O_3（三氧化二铝）组成，有很强的耐磨性和硬度，氧化铝含量制约强化复合地板表面层的耐磨性，是强化地板中最坚硬的一层保护(图6-21、图6-22)。

（1）耐磨。约为普通漆饰地板的10～30倍以上，表面坚硬，经久耐用。

（2）美观。可用电脑仿真出各种木纹和图案、色彩多样，拼花自然，款式雅致，豪华气派。

（3）稳定。彻底打散了木材原来的组织，破坏了各向异性及湿胀干缩的特性，尤其适用于地热系统的房间。

（4）维护方便。无尘，抗污力强，

图6-21 强化复合地板的应用

图6-22 强化复合地板的样式

免打蜡，免涂漆、不易变形、不起翘。

（5）抗静电。防腐蚀、防虫蛀、防潮湿，但水浸泡损坏后不可修复，脚感较差。其防水性能只是针对表面而言，强化复合地板使用中特别忌讳用水浸泡。

表6-2为地板产品知名品牌及常用规格。

（四）软木地板

软木是生长在地中海沿岸的橡树的保护层，即树皮，俗称栓皮栎，软木地板的原料就是这些橡树的树皮，软木地板所谓的软，其实是指其柔韧性非常好，在制成地板时，经过加压处理，其稳定性能完全可以达到地板的要求(图6-23)。

（1）安全、柔软、恢复性能和弹性好，即使特别重的家具压在上面不会形成明显的压痕，也可在重物撤去后恢复原状。

（2）绝对的环保产品。软木来源于自然，本身无毒无害，软木每隔9年采剥一次，采剥后树林仍会继续生长出新的树皮，每棵树可以采剥10～12次。软木地板是真正的绿色环保材料对大自然的树木毫无损坏。

（3）隔音、隔热、绝缘。隔音性极佳，可以降低脚步的噪音，降低家具移动的噪音，吸收空中传导的声音。

表6-2　常用地板的尺寸

常用长度尺寸(mm)	常用宽度尺寸（mm）	常用厚度尺寸(mm)	常见知名品牌
450	75	8	圣象、大自然木地板、扬子木地板、德尔、升达、菲林格尔、莱茵阳光、安信、瑞嘉、福人、吉象等
610	85	12	
760	95	15	
910	125	18	
1210	150	20	
1820	180	25	

（4）耐磨性好。软木的细胞结构决定了它比实木地板更加耐磨，表面带树脂耐磨层的软木地板，耐磨度是实木地板的10倍以上。

（5）防潮、阻燃，具有防潮不易变形的特点，不怕水浸泡；它可以铺在厨房、卫生间等非常潮湿的环境，同时又具有良好的阻燃性，在离开火源后会自然熄灭。

（6）防滑、抗静电、绝缘。软木的吸水率几乎为零，所以软木又是非常好的绝缘体。

（7）易于安装和维护，花色丰富，

图6-23 软木地板

具有天然花纹，高雅美观，独具风格。

（8）耐腐蚀，耐化学污染。具有耐油、水、酸、碱等多种化学液体，在自然条件下非常耐久，可自然保存几十年，不会变形或开裂。

（9）软木不含淀粉和糖份，虫蚁不蛀，防虫、不生霉菌。

（10）常用的规格有600 mm×300mm×4mm 、915mm×305mm×11mm两种，既适应在南方潮湿湿润的环境，也能在北方的干燥环境使用，是地板行业近两年来出现一个新产品。

图6-24 竹地板（一）

（五）竹地板

竹地板是竹子经漂白、硫化、脱水、防虫、防腐等工序加工处理之后，再经高温、高压、热固、胶合而成的。竹地板品质稳定，是住宅、宾馆和写字间等的高级装饰材料(图6-24、图6-25)。

图6-25 竹地板（二）

（1）竹地板耐磨、耐压、防潮、防火。

（2）防蛀、抗震。经过脱去糖份、淀粉、脂肪、蛋白质等特殊无害处理后的竹材，具有超强的防虫蛀功能。

（3）竹地板无毒，牢固稳定。它的物理性能优于实木地板，铺设后不开裂、不扭曲、不变形起拱。

（4）强度高，硬度强，脚感不如实木地板舒适，具有适度弹性，可减少噪音，不需要打蜡上光，便于日常维护且容易清洁。

（5）在价格上也有一定的优势,价格在实木地板与实木复合地板之间。

（6）色差较小，具有丰富的竹纹, 色泽柔和靓丽、竹纹清新自然、竹香怡人，但外观没有实木地板丰富多样。

（7）竹地板突出的优点便是冬暖夏凉，特别适合于铺装在客厅、老人、小孩的起居室、健身房、书房等地面及墙壁装饰。

（8）地板表面光洁柔和，几何尺寸合理，长、宽、厚的常规规格有915mm×91mm×12mm、1800mm×91mm×12mm等。

（9）使用寿命可达20年左右,不适合用于浴室、洗手间、厨房等潮湿的区域。受日晒和湿度的影响会出现分层现象。

（10）采用竹子为原料，可减少对木材的使用量，起到保护环境的作用。

（六）塑木地板

塑木材料是用PP、PE、PVC等树脂或回收的废旧塑料与锯木、秸秆、稻壳、玉米秆等废弃物，经特殊工艺制成基材，表面再经耐磨处理，制成的新型环保地板，通称为塑木地板(图6-26)。规格有30mm×105mm×2000mm、30mm×145mm×2000mm等。

1. 分类

（1）以PVC为主要塑料基材，填充植物纤维并轻微发泡制成的地板，表面经耐磨处理后用于室内，概称室内木塑地板。

（2）以PE、PP等工程塑料为塑料基材，填充植物纤维而制成的地板，一般无须耐磨处理主要用于户外，概称户外铺板。

图6-26 塑木地板

2. 特性及运用

（1）产品耐用、耐老化、耐高温、抗低温、抗静电、使用寿命长，是木材的5倍以上。

（2）稳定性好，不开裂、无翘曲、可钉、可刨、可漆、可黏。

（3）产品的外观具有天然木纹，视觉效果好，表面不需漆涂，常见颜色有棕色和灰褐色两种，表里颜色无色差。

（4）施工方便，容易成型，韧性度较高，防水防滑、防霉、防腐、防虫、抗菌，可以在厨房，洗手间、洗浴等环境中使用。

（5）健康环保，不含甲醛、氰苯等有害物质，免除装修污染、是真正的绿色环保产品。

（6）使用功能多样性，可以在室外建筑及园林景观工程中使用，如铺路地板、栅栏、椅凳等，替代木材制作各种包装物，装饰材料、家具材料等（图6-27），也适用于地暖铺设，木塑材料成为建筑装饰材料的新宠。

（七）塑胶地板

塑胶地板是PVC地板、橡胶地板、亚麻地板、静电地板、运动专用地板的统称（图6-28）。这些产品具有良好的装饰效果，脚感柔软，舒适，

图6-27 塑木地板在室外的运用

图6-28 塑胶地板

有各种颜色与纹理，并且可使用异型拼接，耐磨抗用、清洁卫生，不过环保的问题还是有待于改善。此类地板广泛运用在公共场所，如幼儿园、泳池边、老年人活动中心、儿童游乐场、健身场所、露台、机场、商场等。

四、玻璃

玻璃是一种重要的装饰材料。从室外外墙玻璃到室内的艺术玻璃在建筑领域中使用频率都很高，人们越来越重视玻璃对居住空间的装饰美化作用。玻璃品种很多，分类方法很复杂，常见玻璃的主要有平板玻璃、装饰玻璃、安全玻璃、特种玻璃、新型装饰玻璃、玻璃砖等，还有其他类别的玻璃，如：防火玻璃、镀膜玻璃、彩色玻璃、彩印玻璃、釉面玻璃、制镜玻璃、玻璃瓦、玻璃马赛克、玻璃家具等，这里重点介绍室内装饰工程中具有特殊效果的艺术玻璃及玻璃新产品。

（一）装饰工程中的常用玻璃及艺术玻璃

1. 平板玻璃(图6-29)

平板玻璃是室内外装饰工程中最普通的常用玻璃品种，有透光、隔声性能，还有一定隔热性、隔寒性。平板玻璃硬度高，抗压强度要求好，耐风压、耐雨淋、耐擦洗、耐酸碱腐蚀。但其质脆、怕强震、怕敲击，安全性差，安全程度高的场所建议使用钢化玻璃。常用厚度为3mm、5mm、6mm。主要用于各种门窗、室内各种隔断、橱窗、橱柜、柜台、展台、展架、玻璃隔架、家具玻璃门等，是使用最广泛的玻璃材料。

2. 钢化玻璃(图6-30)

钢化玻璃是利用加热到一定温度后迅速冷却的方法，使用普通平板玻璃经

图6-29 平板玻璃

图6-30 钢化玻璃

过再加工处理而成一种预应力玻璃。钢化玻璃不容易破碎，即使破碎也会以无锐角的颗粒形式碎裂，对人体伤害大大降低。该玻璃除普通玻璃的透明度外，还具有很高的温度急变抵抗性，耐冲击性和机械强度高等特点，因此在使用中较其他玻璃相对安全，故又称安全玻璃。常用于高层建筑门窗，以及商场、影剧院、候车室、医院等人流量较大的公共场所的门窗、橱窗、展台、展柜等处。

3. 磨砂玻璃(图6-31)

磨砂玻璃也是在普通平板玻璃上面再经研磨、喷砂加工，使表面成为均匀粗糙的平板玻璃，也称毛玻璃，一般厚度在9厘以下，以5厘、6厘的稍居多。这类玻璃易产生漫射作用，只有透光性而不透视，作为门窗玻璃可使室内光线柔和，没有刺目之感。常用于室内隔断或者浴室、办公室等需要隐秘和不受干扰的空间。

4. 喷砂玻璃（图6-32）

喷砂玻璃的性能基本与磨砂玻璃相似，是用高科技工艺使平面玻璃的表面形成侵蚀，再经喷砂处理成透明与不透明相间的图案，又称为胶花玻璃。此类玻璃与磨砂玻璃在视觉上相似，不好区分，常用于表现界定区域却互不封闭的地方。喷花玻璃给人以高雅、美观的感觉，适用于室内门窗、隔断和灯箱制作。常用厚度为6mm，最大加工尺寸为2200mm×1000mm。

5. 镶嵌玻璃(图6-33)

镶嵌玻璃是用铜条或铜线与玻璃镶嵌加工，组合成具有强烈装饰效果的艺术镶嵌玻璃。可以将各种性质类似的玻璃任意组合，再用金属丝条加以分隔，合理地搭配，呈现不同的美感。镶嵌玻璃最初用于教堂装饰，如今彩色镶嵌玻璃多用在欧式豪华风格的装饰造型中，广泛用于门窗、

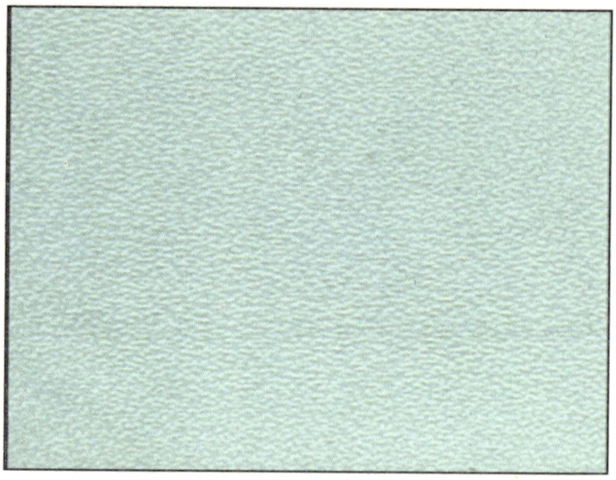

图6-31 磨砂玻璃

图6-32 喷砂玻璃

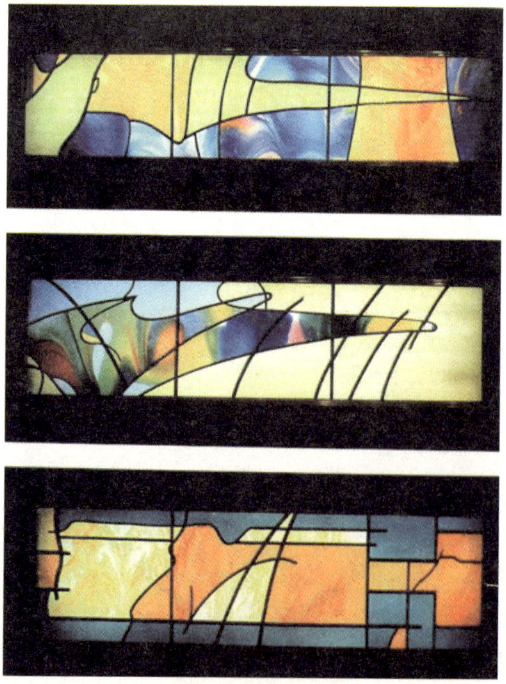

图6-33 镶嵌玻璃

隔断、屏风、采光顶棚等处。

6. 冰花玻璃(图6-34)

冰花玻璃是一种利用平板玻璃经特殊处理后形成具有类似自然冰花纹理的玻璃。冰花玻璃与压花玻璃、磨砂玻璃、喷砂玻璃性能类似，对通过的光线有漫射作用，使用范围相近，其装饰效果优于压花玻璃等，给人以清新之感。目前最大规格尺寸为2400mm×1800mm。可用于宾馆、酒店等场所的门窗、隔断、屏风和家庭装饰，具有良好的装饰效果。

7. 釉面玻璃(图6-35)

釉面玻璃是指在按一定尺寸切裁好的平板玻璃表面上涂敷一层彩色的易熔化釉料，经过烧结、退火或钢化等处理，使釉层与玻璃牢固结合，制成具有美丽的色彩或图案的玻璃。常见釉面玻璃有透明和不透明两种，釉面玻璃具有良好的化学稳定性和装饰性，图案精美、不褪色、不掉色、易于清洗。广泛用于室内工程饰面层，门厅和楼梯间的装饰面层等位置。

8. 刻花玻璃(图6-36、图6-37)

刻花玻璃是由平板玻璃经涂漆、雕刻、围蜡、酸蚀、研磨而成。与压花玻璃制作工艺类似，但图案立体感要比压花玻璃强，似浮雕一般，刻花玻璃主要用于高档场所的室内隔断或屏风。刻花玻璃一般是按用户要求定制加工，最大规格为2400mm×2000mm。

图6-34 冰花玻璃

图6-36 刻花玻璃（一）

图6-35 釉面玻璃

图6-37 刻花玻璃（二）

9. 镜面玻璃(图6-38)

镜面玻璃就是我们日常生活中使用的镜子，是玻璃表面通过化学或物理等方法形成反射率极强的镜面反射玻璃制品。用于装饰工程中的镜子，为提高装饰效果，在镀镜之前可对原片玻璃进行彩绘、磨刻、喷砂、化学蚀刻等加工处理，形成具有各种花纹图案或精美字画的镜面玻璃。在装饰工程中常利用镜子的反射和折射来增加空间距离感，或改变光照的强弱效果。

图6-38 镜面玻璃

10. 压花玻璃

压花玻璃是将熔融的玻璃液在急冷中通过带图案花纹的辊轴滚压而成的，也称花纹玻璃或滚花玻璃，其表面有各种图案花纹且凹凸不平，当光线通过时产生漫反射，具有透光不透视的特点，压花玻璃表面花纹丰富，具有一定的艺术效果。一般规格为800mm×700mm×3mm，多用于办公室、会议室、浴室以及公共场所分隔空间的门窗和隔断等处。

11. 琉璃玻璃(图6-39)

琉璃玻璃将玻璃烧溶，加入各种颜色，在模具中冷却成型，色彩鲜艳，装饰效果强。但尺寸规格都很小，价格相对同类产品较贵，多用在豪华场所背景墙装饰中。

12. 冰裂玻璃(图6-40)

冰裂玻璃将三片玻璃用两层PVB或替代材料合制而成的玻璃制品，中间夹一层钢化玻璃，形成固定化后，将中间钢化玻璃碎裂，碎裂的图纹形状自然、无规律，具有夹

图6-39 琉璃玻璃

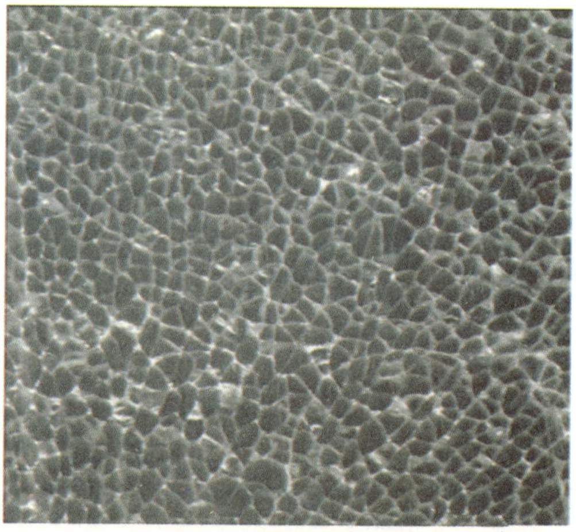

图6-40 冰裂玻璃

层玻璃的特性，又兼具装饰、观赏性。

13. 彩绘玻璃(图6-41)

彩绘玻璃在制作中，先是用一种特制的胶绘制出各种图案，然后再用铅油描摹出分隔线，最后利用特制的胶状颜料在图案上着色。彩绘玻璃图案丰富亮丽，能创造出一种赏心悦目的和谐氛围，增添浪漫迷人的现代情调，是在家居装修中运用较多的一种装饰玻璃。

14. 玻璃砖(图6-42、图6-43)

玻璃砖又称特厚玻璃。分为实心和空心两种，具有无色、透明、耐冲击、机械强度高等特点。其内部质量好，加工精细，适于高级宾馆、影剧院、展览馆、酒楼、商场、银行的门面、大门、玻璃墙、隔断墙的使用。也可用在橱窗、柜台、展台等大型玻璃展架，是一种高级装饰玻璃。

15. 玻璃锦砖(图6-44、图6-45)

玻璃锦砖又称玻璃马赛克，是用高白度的平板玻璃，经过高温再加工，熔制

图6-41 彩绘玻璃

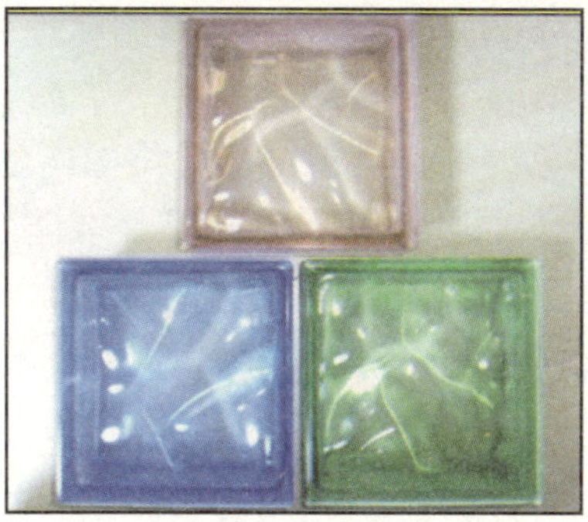

图6-42 玻璃砖（一）

图6-43 玻璃砖（二）

图6-44 玻璃锦砖（一）

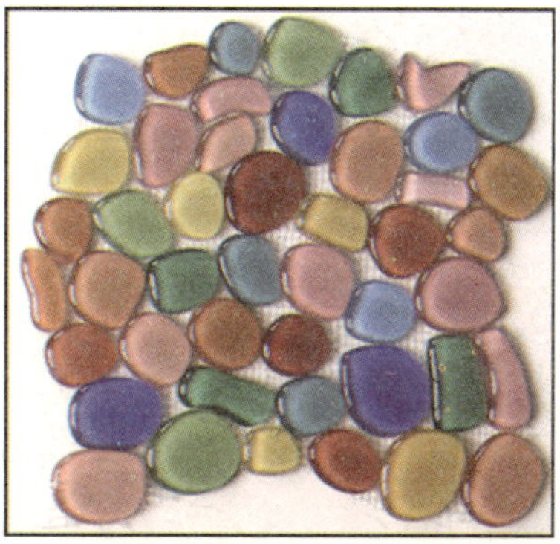

图6-45 玻璃锦砖（二）

成无毒、无放射性元素。玻璃锦砖具有耐碱、耐酸、耐温、耐磨、防水、高硬度、不褪色的优良性能，颜色绚丽，色泽众多，可以拼成各种颜色的漂亮混色，热稳定性好，常见的有普通玻璃马赛克、幻彩玻璃马赛克、金星线玻璃马赛克、水晶玻璃马赛克等好多产品，形状各异，其一般尺寸为20mm×20mm、25mm×25mm、50mm×50mm、 100mm×100mm等。常用在地面、墙面、游泳池、喷水池、浴池、体育馆、厨房、卫生间、客厅、阳台等处装修，添加了一种豪华和素雅的立体空间氛围。

（二）新型玻璃制品

1. 金银质感玻璃

金银质感玻璃也叫金属感玻璃，它是用一种特殊的原料，专业的操作技法,使玻璃表面形成金属氧化膜，能像镜面一样反光。此种玻璃主要用于宾馆、饭店、商场、影剧院等建筑的外立面、门面、门窗等处，也用于大型壁画，小型壁饰，各类工艺品及装饰玻璃中。

2. 视飘玻璃

视飘玻璃是一种高科技产品，是在没有任何外力的情况下，本身的图案色彩随着观察者视角的改变而发生飘动，即随人的视线移动而带来玻璃图案的变化和色彩的改变，形成一种独特的视飘效果，使居室平添一种神秘的动感。视飘玻璃适应各种温度，具有不变色、图案色彩丰富、新颖的特点，而且价格也较低廉。

3. 镭射玻璃

镭射玻璃是以玻璃为基材的新一代建筑装饰材料，其特征在于经特种工艺处理，玻璃背面出现光栅，在阳光、月光和灯光等光源的照射下，形成艳丽的七色光，且在同一感光点上会因光线入射角的不同而出现色彩变化，使被装饰物显得华贵(图6-46)。镭射玻璃的颜色有银白、蓝、灰、紫、绿、红等多种。它适用于酒店、宾馆、各种商业、文化、娱乐等设施的装饰。

4. 景泰蓝玻璃

景泰蓝玻璃是用景泰蓝釉料在玻璃表面加工成的一种色彩丰富，操作施工无污染的一种高档艺术玻璃（图6-47）。是以立线彩晶玻璃为基础，以景泰蓝装

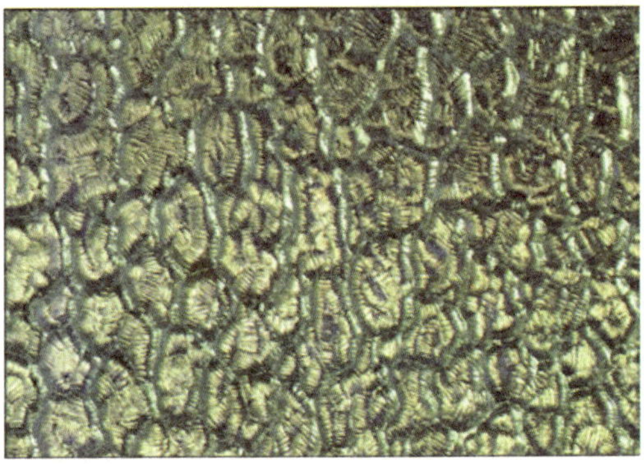

图6-46 镭射玻璃

图6-47 景泰蓝玻璃

饰玻璃效果为蓝本，制造出的一种表面五光十色，绚丽多彩的装饰玻璃。

5. 乳花玻璃

乳花玻璃是最近出现的装饰玻璃，它是借助丝网版，直接在玻璃表面进行印刷的一种装饰玻璃，它可加工出多种装饰图案，以适应不同的使用场所，它的花纹清新、美丽，富有装饰性(图6-48)。乳花玻璃一般厚度为3 ～5mm，最大加工尺寸为2000mm×1500mm。其用途与喷花玻璃相同。

6. 玻璃纸

玻璃纸也称玻璃膜，严格来说不属于玻璃的一种，但它具有透明度，具有多种颜色和花色，根据纸膜的性能不同，具有不同的性能。绝大部分起隔热、防红外线、防紫外线、防爆等作用。玻璃贴膜还具有令室内冬暖夏凉的作用，玻璃贴膜具有更环保、更节能、更耐用、更易用的特点，是环保材料发展的趋势。

7. 聚晶石玻璃

聚晶石玻璃逐渐成为现代建筑装饰、室内建材、家具装饰、居家装修和高尚设计的最新趋势，反映了现代市场对先进建材的一种时尚需求（图6-49）。聚晶石玻璃作为一种融合高科技特种材料经独特层次制造生产，在国内属于新产品，在国外已得到了普遍的应用。

8. 玻璃涂料

玻璃涂料用于装饰性玻璃和玻璃制品表面，具有隔热、保暖、节能、环保、降噪等特性，涂料色彩艳丽、光泽透明、附着力强、耐水耐热性好（图6-50）。玻璃涂料种类丰富多样，有喷绘玻璃涂料系列、自干型手绘玻璃涂料系列、彩晶玻璃涂料、聚晶玻璃涂料、冰花玻璃涂料、水珠涂料等。

图6-49 聚晶石玻璃

图6-48 乳花玻璃

图6-50 玻璃涂料

五、陶瓷

（一）分类

（1）按工艺不同通常分为釉面砖和通体砖。

（2）按照工程中常用的陶瓷制品分：釉面砖、陶瓷面砖、陶瓷锦砖、琉璃制品、卫生陶瓷等。陶瓷面砖又分为内墙面砖、外墙面砖、地面砖。

（二）具体种类特性及运用

1. 内墙釉面砖

内墙釉面砖俗称瓷砖，其常用规格、品牌见表 6-3。釉面砖表面光滑，图案丰富多彩，有单色、印花、高级艺术图案等。釉面砖具有不吸污、耐腐蚀、易清洁的特点，多用于厨房、卫生间（图6-51）等。近年来，彩色釉面陶瓷墙地砖种类繁多，大多砖表面施有美观艳丽的釉色和图案，可用于地面，也可用于墙面。釉面砖吸水率较高，吸湿膨胀小的表层釉面处于压力状态下，长期冻融，会出现剥落掉皮现象，所以不能用于室外。

图6-51 瓷砖在卫生间的运用

2. 墙砖

墙砖按花色可分为玻化墙砖、印花墙砖等。现流行花片和腰线与瓷砖配套的形式贴拼，腰线砖和花片砖多为印花砖、浮雕砖。施工时采用横竖贴拼或斜拼、环绕拼贴，能够贴出很多图案，是个性设计常用的方法。

表6-3 常用瓷砖规格、品牌

种类	尺寸(mm×mm)	品　牌	分类及相关产品
常用的内墙砖	200×300 250×330 250×400 300×450 300×500 330×600 330×900	诺贝尔瓷砖、冠军瓷砖、马可波罗瓷砖、蒙娜丽莎瓷砖、罗马瓷砖、冠珠瓷砖、亚细亚瓷砖、鹰牌瓷砖、萨米特瓷砖、东鹏瓷砖	配套的产品有花砖和腰线。花片尺寸与内墙砖的尺寸一致，常用的腰线尺寸为：250mm×80mm、450mm×60mm、316mm×100mm 等
常用的外墙砖	200×300 52×152 52×235 200×400 140×280 60×240	冠珠外墙砖、智鹏外墙砖、腾达外墙砖、豪山外墙砖	外墙砖常见种类有条砖、拉毛砖、无釉手工拉毛砖、古陶砖、仿古装饰青砖、劈开砖、机制砖、文化砖等
常用的地面砖	400×400 500×500 600×600 800×800 900×900 1000×1000	马可波罗地砖、诺贝尔地砖、东鹏地砖、冠军地砖、蒙娜丽莎地砖、宏宇地砖、新中源地砖、萨米特地砖、斯米克地砖	常见的有抛光砖、玻化砖、釉面砖、马赛克等

3. 外墙面砖

外墙面砖用于外墙装饰的板状陶瓷建筑材料。可分为有釉、无釉两种。无釉外墙贴面砖又称墙面砖，有时也可用于建筑物地面装饰，大都情况下作为建筑物外墙装饰的一类常见的建筑材料。

4. 地面砖

地面砖分为釉面砖、抛光砖、玻化砖、仿古砖四类。

（1）釉面砖：是由瓷土经高温烧制成坯，并施釉二次烧制而成，产品表面色彩丰富、光亮晶莹、吸水率大，在表面层没有破坏之前其抗污能力较高，花色丰富，价格便宜。目前用作地面材料的越来越少，作内墙墙砖使用的较多。

（2）抛光砖：通体砖坯体的表面经过打磨而成的一种光亮砖，属于通体砖的一种。质地坚硬耐磨，适合在除洗手间、厨房以外的多数室内空间中使用。但是抛光砖抛光时会留下凹凸气孔，这些气孔会藏污纳垢，装修时也有在施工前打上水蜡以防粘污的做法。

（3）玻化砖：在抛光砖的基础上解决抛光砖出现的易脏问题，玻化砖也叫全瓷砖。其表面光洁但又不需要抛光，所以不存在抛光气孔的问题，上下材质一样，砖的烧结温度高，瓷化程度好。表面光洁像镜面，吸水率小，防滑耐磨，耐酸碱、不变色、寿命长。适合家居室内装修，宾馆、酒店、商场等公众场所都更多地选择玻化砖（图6-52），是比较流行且实用的地面装饰材料。

（4）仿古砖：也称耐磨砖，高温烧制，质地坚硬，釉面耐磨，适合各种场所的装饰，能体现典雅、幽静、自然的怀旧风格（图6-53）。

5. 陶瓷锦砖

陶瓷锦砖也称马赛克，一般分为陶瓷马赛克、玻璃马赛克、熔融玻璃马赛克、烧结玻璃马赛克、金属马赛克等（图6-54）。马赛克除正方形外还有长方形（图6-55）和异形品种，体积是各种瓷砖

图6-52 玻化砖的运用

图6-53 仿古砖的运用

图6-54 金属马赛克（一）

图6-55 金属马赛克（二）

中最小的，常用规格有20mm×20mm、25mm×25mm、30mm×30mm、50mm×50mm、100mm×100mm。马赛克给人一种怀旧的感觉，用于浴室地面、厨房、卫生间、星级酒店等处（图6-56）。

6. 陶瓷制品的发展趋势

（1）大规格瓷砖比较受欢迎。

（2）艺术瓷砖多样化，花砖、腰线等装饰要素增多。平面瓷砖向立体瓷砖及三维立体图案发展。

（3）复合瓷砖流行，以木纹、玻璃、石材、树脂、不锈钢与瓷砖结合制成特色瓷砖。

（4）复古趋势明显，在追求高光、亮釉面的热潮后，又开始向仿古砖的怀旧风格迈进。

图6-56 陶瓷马赛克室内三个界面的运用

（5）玻化砖以其特有的品质，光泽度、防滑性及耐磨度等性能而博得人们的认可。

（6）绿色瓷砖，无辐射、绿色环保的产品是新产品研发的主流。

六、涂料

（一）涂料的用途

涂料在室内装饰中的主要作用是保护表面，并对装饰表面起修饰作用，达到美观实用的效果，同时还能起到防毒、杀菌、绝缘、防水、防污的作用。

（二）分类

（1）按使用部位不同分为外墙涂料、内墙涂料、顶棚涂料、地面涂料。

（2）按涂料状态不同，又可分为水融性涂料和溶剂型涂料。

（3）按使用功能不同，可分为防水漆、防火漆、防霉漆、防蚊漆、及具有多种功能的多功能漆等。

（4）按表面效果上来分，又可分为透明漆、半透明漆和不透明漆。

（5）按作用形态又可分为挥发性漆和不挥发性漆。

（三）室内工程中常用的涂料

1. 涂料

内墙漆主要可分为水溶性漆和乳胶漆。

（1）用水作溶剂或者作分散介质的涂料，都可称为水性涂料。水性涂料包括水溶性涂料、水稀释性涂料、水分散性涂料（乳胶涂料）3种。用水性液体配制的涂料不能称为乳胶涂料。如装修中使用的“106”、“107”、“803”内墙涂料，是使用最普遍的内墙涂料。这些涂料的缺点是不耐水、不耐碱，耐久性差，易泛黄变色，涂层受潮后容易剥落，价格便宜，施工也十分方便，属低档内墙涂料。

（2）乳胶漆即是乳液性涂料，以水为稀释剂，是一种施工方便、安全、耐水洗、透气性好的漆种，制作成分中基本上由水、颜料、乳液、填充剂和各种助剂组成，它可根据不同的配色方案调配出不同的色泽。好的乳胶涂料层具有良好的耐水、耐碱、耐洗刷性，无毒、不燃烧，涂层受潮后决不会剥落，属中高档涂料，虽然价格较贵，因其性能优良，所占据的市场份额越来越大，现在市场常用的知名品牌有立邦、多乐士、来威、华润、嘉宝莉等属于国家免检产品，比较安全。

2. 真石漆

真石漆也称仿石涂料，由高性能树脂乳液，配上各种天然彩砂和多种辅助剂制作而成的厚浆型质感类涂料，经过喷涂或抹涂形成类似天然石材装饰效果的一种涂装工艺（图6-57）。它具有粘结力强、耐水、耐碱、耐候、耐污染、不褪色、不燃等突出的特点，能有效阻止恶劣环境对建筑物的侵蚀，延长建筑物的使用寿命。通过喷涂的不同方法，可做成花纹、环状花纹等装饰效果，弹性真石漆可以做成石材雕塑的效果，使饰面变化多样，质感丰富，其装饰效果酷似汉白玉、大理石、花岗岩等（图6-58）。真石漆具有天然石材的自然古朴的风格，是一种高品质的建筑涂料。广泛适用于工商业建筑、办公大楼、公寓、市政工程等的内外墙面。

其特性及运用：

（1）永不褪色，采用天然碎石色彩，持久如新。

（2）能有效地阻止外界恶劣环境对建筑物侵蚀，优异的户外耐候性，适合在寒冷地区使用，延长建筑物的寿命。

（3）外观华丽，庄重典雅，媲美石材以假乱真，展现天然石材的丰富质感。

（4）优良的抗拉伸性，耐磨损、耐

图6-57 真石漆的运用

图6-58 真石漆质感

碰撞。

（5）施工简便，易清洁，易翻新，比石材更适合塑造各种艺术造型。

（6）视觉效果以假乱真，可以做外墙壁画、梁柱、室内的圆柱、罗马柱等。

3. 质感艺术涂料

仿古艺术涂料能体现古香古色，典雅尊贵的色泽，纹络自然流畅。散发古典韵味的同时又不失现代气息，将欧式古典、新古典及中式等等风格挥发的淋漓尽致。

（1）梦幻艺术涂料，是由纯色颜料、铝粉颜料、云母配制而成。涂刷后，由于光线的多次反射会产生多彩的效果。而铝粉颜料在底色漆内会遮挡住大部分产生珍珠效果的色母，所以珍珠色彩不太明显。

（2）箔类艺术涂料，采用以黄金、白银、铜、铝为主要原料，经过化涤、锤打、切箔等十多道工序生产而成的优良箔（图6-59、图6-60）。纯金属箔类装饰材料成为豪华装修与尊贵生活必不可少的点缀，它的特有的神秘以及无可替代的光泽效果受到越来越多人的喜爱与追捧。

（3）马来艺术漆，是根据施工工艺命名的（图6-61）。产品原料采用非常细致的石灰粉末经熟化制成，状似灰泥，质地细致，并添加改性硅酸盐、干粉型聚合物、无机填料及各种助剂组成的水性环保型材料。它具有天然石材和瓷器的质感与透明感，表面保护层具有较强的耐湿性、耐污染性，有抗菌效果。

（4）浮雕漆，是一种立体质感逼真的彩色墙面涂装材料。装饰后墙面酷似浮雕的感观效果，所以称之为浮雕漆（图6-62）。它以独特立体仿真浮雕效果塑造强烈的艺术感，广泛用于室内外已经有适

图6-59 箔类艺术涂料金色

图6-60 箔类艺术涂料银色

图 6-61 马来艺术涂料

图6-62 浮雕涂料

当底漆的砖墙、水泥浆面及各种基面装饰涂装。

（5）液体壁纸涂料，也称壁纸漆，是集壁纸和乳胶漆优点于一身的环保水性涂料。它的图案设计繁多，有印花、滚花、 夜光、梦幻、浮雕、钻石漆、光变漆等，风格各异，既克服了乳胶漆色彩单一、无层次感的缺陷，也避免了壁纸易变色、翘边、有接缝等缺点。液体壁纸涂料价格比壁纸便宜，施工方便，可广泛运用在家庭、宾馆、办公场所、娱乐场所，是一种新型材料，对施工技能要求较高。

（6）弹性质感涂料。指涂料表层具有较好弹性的功能，除具有一般外墙涂料的性能以外，涂层具优异的耐候性、透气性、较好的断裂伸长率，柔韧性防裂等特点（图6-63、图6-64）。对基层的细小裂纹可形成一定的遮盖作用，增加了建筑物外墙装饰效果。弹性质感涂料有弹性拉毛漆、刮砂型、标准型等，具有丰富的可塑性及艺术性。在施工时选用各种不同的工具，配合刮、拖、压、滚等不同施工手法，可创造树皮纹、直纹、花纹等各种图形效果。

（7）夜光涂料，是由夜光粉、有机树脂、有机溶剂、助剂等配制而成（图6-65、图6-66）。涂上夜光漆当其成膜后，每吸光1小时可发光8~10小时，吸光和发光的过程可无限的循环。夜光涂料在环保、节能、经济、安全等实际使用性能中凸现出良好的综合效应，常用在建筑装饰、娱乐场所的装饰、公共场所的应急指示系统等方面。是受广大消费者喜爱的一种新型的产品。

（8）多彩水泥涂料，是一种室内外装饰用涂料，专门用于已存在的未封闭处理的混凝土表面，对于新老混凝土表面的装饰是非常适合的。特点是漆膜丰满、华丽，耐擦洗、耐腐蚀性、耐湿热性、耐冲击、柔韧性好，常温固化，冬季可照常施工，也可以用于地面，也可用于墙面。

4. 地面涂料

（1）分类：

1）按其主要成分可分为聚氨酶类、苯乙烯类、丙烯酸酶类、聚酯酸乙烯类、环氧树脂类等品种。

2）按涂料稀释剂方法可分为水性地面涂料、乳液型地面涂料、溶剂型地面涂料等。

（2）特性及运用：

地面涂料具有耐油、耐水、耐压、抗老化、耐酸、耐腐蚀等性能，具有较好的耐磨性，且施工简便，适应水泥基

图6-63 弹性质感涂料（一）

图6-64 弹性质感涂料（二）

图6-65 夜光涂料（一）

图6-66 夜光涂料（二）

层、钢铁基层、木质基层，工期短，更新方便，造价又非常低，其中以环氧树脂价格较高，总造价在每平方米30元左右,因此地面涂料常用于公共场所地面及工业厂房地面，同时也适用于家庭装修的阳台、厨房、卫生间地面装修或低档装修时采用。然而在国外家庭装饰中，地面涂料并非低档材料，他们利用不同颜色质感的地面涂料来塑造贴近自然、休闲自如的乡村风格。

七、油漆

室内装饰漆分为木器漆及特殊效果漆。

（一）木器漆

木器漆按照装饰效果可分为清水漆、混水漆和半混水漆三种。

（1）清水漆指的是在涂刷完毕后仍可以见到木材本身的纹路及颜色，这类产品适用于高级的木纹、地板、木门、窗、家具等装饰。涂刷完毕后的漆膜幼滑饱满，外观晶莹剔透，施工更简单、轻松。

（2）混水漆就是一般人们所说的色漆，即在涂刷以后会完全遮盖木材本身的颜色只体现色漆本身的颜色。这类产品适用于夹板或密度板类门、窗、家具装饰。它们的漆膜柔韧饱满，有上千种颜色可供选择。

（3）半混水漆指的是在涂刷完毕后木材本身的纹理清晰可见并且还有着色的效果。这类产品适用于木纹清晰且木质比较疏松的木门、窗、家具等。

（二）特殊效果漆

室内装饰漆的另一大类特殊效果的漆指的是涂刷在特殊表面上的、涂刷在特定环境中的或者对装饰效果有特殊要求的油漆。

1. 瓷漆

瓷漆和调和漆一样，也是一种色漆，是在清漆的基础上加入无机颜料制成。因漆膜光亮、平整、细腻、坚硬，外观类似陶瓷或搪瓷。瓷漆色彩丰富，附着力强。常用的品种有酚醛瓷漆和醇酸瓷漆，适用于涂饰室内外的木材、金属表面、家具及木装修等。

2. 裂纹漆

裂纹漆是由硝化棉、颜料、体质颜料、有机溶剂，辅助剂等研磨调制而成的，可形成各种颜色的硝基裂纹漆，无须加固化剂，干燥速度快（图6-67）。由于裂纹漆粉性含量高， 溶剂的挥发性大，因而它的收缩性大，柔韧性小，喷涂后能产生较高的拉扯强度，形成良好、均匀的裂纹图案，增强涂层表面的美观。

3. 木纹漆

木纹漆又称美术漆，与有色底漆搭配，可逼真地模仿出各种效果，能与原木家具木纹媲美，可以制造出不同木材的木纹效果，能使刨花板、中纤板、树脂压模板、实木板等材料经过艺术的加工仿制成实木家具，也是个性设计中不可缺少的材料（图6-68）。

4. 皮纹漆

皮纹漆刷出的质感像天然的动物的皮纹，具有仿真效果，可反馈底色，皮革感强。

5. 环氧玻璃清漆

环氧玻璃清漆是以树脂为成膜物的一种玻璃专用油漆产品，油漆成膜干燥后，硬度高，附着力非常优秀，柔软性极佳。主要适用各种装饰玻璃表面的喷涂。

6. 其他特色漆

其他特色漆有水纹漆、镜面银漆、橡胶漆、石斑漆、纳米漆等很多新品种。

图6-67 裂纹漆

图6-68 木纹漆

八、壁纸与墙布

壁纸、墙布属于室内内墙裱糊材料，品种花色样式繁多，也被人们经常使用在各种空间场所，它既能起到美化室内环境的作用，也能起到吸声、防潮、防火等功能。目前市场上知名的壁纸品牌生产的壁纸花色、性能、材质都是比较先进的，为装饰工程的实现提供好的素材，新品种的出现，也在逐步代替着传统壁纸的使用（图6-69、图6-70）。

1. 按产品性能分类

（1）防霉抗菌壁纸。可以防霉、抗菌，适合用于医院病房等卫生标准高的场所。

（2）防火阻燃壁纸。用防火材质编制而成，常用玻璃纤维编制而成，具有难燃，阻燃的特性、常用于机场或公共建筑物防火等级要求高的场所。

（3）吸音壁纸。具有吸音能力，适合于歌舞厅，影剧院的墙面装饰。

（4）抗静电壁纸。有效防止静电，用在特殊需要防静电场所，例如实验室、微机室等。

（5）荧光壁纸。在印墨中加入荧光剂，在夜间会发光，能产生一种特别效果，夜晚熄灯后可持续45min的荧光效果，常用于儿童房、娱乐空间。

2. 按照制造所使用的材料不同分类

（1）纸面壁纸。直接在纸面上印花，压花，是使用最早的一种壁纸，其材质轻、薄、花色多，质感、自然、舒适、亲切，但不耐擦洗、易破裂，其他壁纸的性能优于此种壁纸，故室内工程中基本不使用此种壁纸。

（2）胶面壁纸。壁纸表面为PVC材质的壁纸，质感浑厚，可以仿制出各种纹理，如石纹、土砖的效果，具有耐水、防火、防毒等功能，重要的是耐刮磨，是目前市场上使用最广泛的一种产品。

图6-69 壁纸的运用（一）

图6-70 壁纸的运用（二）

（3）织物壁纸。也称壁布，重材质表现，表面为麻、棉、毛、丝等天然纺织品类的材料，给人亲切的视觉柔和感，吸音、透气性能较高，能够渲染出典雅、高贵的氛围。目前，织物壁纸主要材料逐步向无纺布发展，但壁布价格较高，多用于点缀空间。

（4）金属壁纸。将金、银、铜、锡、铝等金属，经特殊处理后，制成薄片装饰于壁纸表面，以金色、银色为主要色系（图6-71、图6-72）。其材质成本较高，故此种壁纸市场占有率小。

（5）天然材质壁纸。使用自然界中的物质制造出来的壁纸。

1）植物类壁纸。用树叶、草、竹等天然物质以编织的形式加工而成，具有自然风情，立体感比较强，无毒无味、透气性强，属于环保产品。适用在客厅或是开放式书房，更能显示浓厚的乡土气息及回归自然的感觉。

2）木皮割成薄片作为壁纸表材，因价格较高，使用得很少。

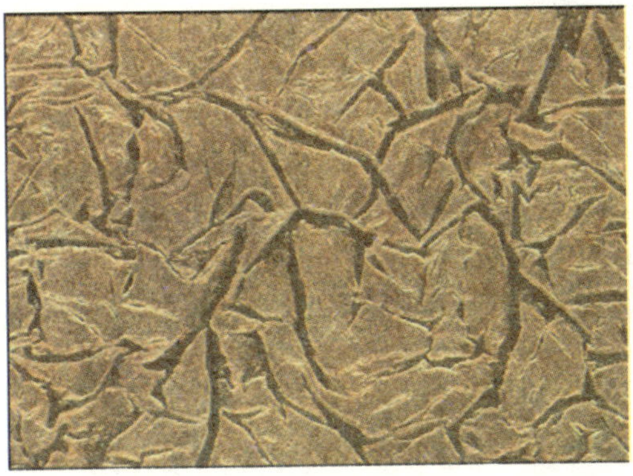

图6-71 金属壁纸（一）

图6-72 金属壁纸（二）

图6-73 丝绸壁纸

3）丝绸壁纸。丝绸壁纸选用自然环保材料，以精致而繁复的手工绘制为最基本的特点，有花鸟、山水、人物图案，具有保温、隔音的作用（图6-73）。丝绸墙纸的色调相对淡雅，有一种既宁静又有文化的味道，颜色以古朴色调为主，因此只适合较大面积的居室。

（6）植绒壁纸。是在厚纸上用高压静电的植绒的方法制成的一种墙面裱糊材料，以绒毛为主要材料，属于高级装饰材料，给人一种富丽堂皇、华贵典雅的感觉，适合用于酒店、宾馆的高级客房、音乐厅、家庭卧室空间等（图6-74、图6-75）。

3. 其他墙面装饰材料

（1）布艺软包。在建筑内部空间墙、柱等部位使用丝绒、呢料和锦缎等高级织物进行装饰，达到温暖舒适、古朴厚实、吸音隔声的效果，但软包的缺点也很多，柔软易变形，防火性能差、容易发霉变质、施工工艺水平要求高，但在一些高档场所装饰造型中布艺软包装饰手法使用较广泛（图6-76）。

（2）装饰贴纸。目前市场上出现了

图6-74 植绒壁纸（一）

图6-75 植绒壁纸（二）

图6-76 布艺软包

墙饰彩带装饰材料，它是一种贴纸，和壁纸材料不同，产品背后有背胶，可以贴在任何光滑的平面上，像瓷砖、木板墙、水泥墙、玻璃甚至壁纸上等，并可反复更新，起到点缀装饰的作用。常见品种有印花、素色带、珍珠带、彩带等，也可以自创图案，进行雕刻或者印刷，是一种物美价廉的新型装饰性新材料，其灵活性与小巧性是其他材料不能比拟的。

4. 知名品牌及规格

目前市场上壁纸主要规格：欧美、国产壁纸以530mm宽×10m长为主，日本壁纸基本上是920mm宽×50m长为主。壁纸分为大卷、中卷、小卷三种，壁纸幅宽900~1000mm的壁纸，每卷长度为50m，长度为10m的壁纸是世界上最普通的规格，小卷壁纸使用灵活，裱糊方便。

壁布规格：1000mm宽×50m长、900mm宽×50m长、700mm宽×50m长等。

市场知名品牌：圣象、玉兰、欧雅、爱舍、布鲁斯、柔然、雅帝、摩曼、天丽、格莱美、蓝山、美国YORK壁纸等。

5. 特性及运用

壁纸在质感、装饰效果和实用性方面有着其他材料没有的优势，它具耐磨性、抗污染性，便于保洁等特点，不同的花色、款式、风格的壁纸搭配往往可以营造出不同感觉的个性空间，目前家庭装饰装修中的卧室、客厅、书房都在使用，随着人们环保意识和审美能力的增强，壁纸将会成为家庭装修的主选材料之一。

图6-77 防火板的种类

图6-78 铝塑板

九、装饰饰面板材

1. 防火板

防火板又叫耐火板，原名为热固性树脂浸渍纸高压装饰层积板，它是将牛皮纸含浸在树脂中，经过高温高压处理后生产成的室内装饰表面材料，是一种表面装饰用耐火材料，但它不是真的不怕火，只是具有一定的耐火性能。其耐磨、耐划、耐擦洗、耐酸碱、耐腐蚀性能很高，同时具有丰富的表面色彩、花纹（图6-77）以及特殊的物性及方便加工性能，防火板表面硬、不易被污染、不易褪色、容易保养及不产生静电等，但防火板的缺点是易脆、不能弯折、无法做造型。常用规格：915mm×2440mm、1220mm×2440mm，厚度在0.6~1.2mm之间。防火板价格便宜，一般用于台面、桌面、墙面、橱柜、办公家具、展柜、吊柜等处的表面装饰材料。

2. 铝塑板

铝塑板是铝塑复合板的简称，是由内外两面铝合金板、低密度聚乙烯芯层与粘合剂复合为一体的轻型墙面装饰材料（图6-78），外表豪华美观、艳丽多彩、耐蚀、耐冲击、防火、防潮、隔热、隔音、抗震等性能很好。铝塑板分为单面、双面两种，产品常用规格：1220mm×2440mm、1250mm×3050mm，室外使用厚度最薄应为4mm，室内使用厚度应为3mm。铝塑板有质轻、易加工成型，易搬运安装，可快速施工的诸多优势，被广泛应用于天花板、柱、柜台、家具、墙面造型，店面、建筑外立面等表面的装饰。

3. 装饰板

装饰板也叫贴面板，是装饰单板贴面胶合板的俗称，简称装饰板（图6-79、图6-80）。这种材料属胶合板系列，是以胶合板为基础，表面贴各种天然木材及人造板材贴面，它具有各种木材的自然纹理和色泽。为了保护有限资源，如今用科技木代替天然名贵木皮生产贴面板的越来越多，科技木产品是应用计算机三维模拟技术、测色与配色技术、木材调色技术模压成型的具艺术效果的高档木质装饰材料，可产生天然木材不具备的颜色及纹理，色彩丰富，纹理多样，立体感更强，既防腐、防蛀、耐潮、又易于加工。科技木没有虫孔、节疤、色变等天然木材固有的自然缺陷，是一种几乎没有任何缺憾的装饰材料既节能又保护环境资源，广泛应用于

图6-79 装饰板（一）

图6-80 装饰板（二）

家具、装饰、地板、饰面板、门窗、音箱、体育用材、木艺雕刻、工艺品等的表面装饰。

4. 炭化木板

炭化木板也叫热处理木，肌理木纹装饰板（图6-81）是木材经干燥后再通过高温处理后的木材，炭化木仍具有木材独特的天然特性，热处理后木材的耐腐性、抗压强度、硬度有所提高，色泽持久，木纹凸起的艺术浮雕效果好，不含甲醛，防虫，防潮、无辐射物、绿色环保，不仅可作家具、门窗、地板、壁板和室内装饰材，也可作田园桌椅、围栏、古建筑等室外用材。

图6-81 炭化木板

5. 压克力板

压克力板是丙烯酸和甲基丙烯酸类化学物品的总称，是塑料中最好及最容易加工的热可塑性材料，也称透明的有机玻璃，有机板（图6-82、图6-83）。具有高透明度，有“塑胶水晶”之美誉。其表面光泽亮丽，有水晶和玻璃的质感，保温性能高，耐候性好，加工性能好，可制成各种所需要的形状与色彩的产品。压克力板使用广泛包括汽车制造、建筑门窗、广告灯箱、标牌制作、有机工艺品、装饰品、家具、文具、灯具、淋浴用具、厨房用具等，其同类产品运用在室内

图6-82 压克力板（一）

图6-83 压克力板（二）

装饰方面非常广泛，如：压克力涂料、压克力人造大理石、压克力水晶板、压克力地板等，一系列新产品赋予室内装饰许多功能及艺术性，给装饰行业带来新生命。常见的产品规格：板长有1250mm×2450mm、1500mm×2000mm、1000mm×1500mm、600mm×2100mm、2000mm×3000mm、2100mm×3100mm等规格，常见厚度为1~8mm，特殊的尺寸和造型还可以定做。

6. 波纹板

波纹板又称波浪板（图6-84、图6-85），是用进口中纤板经电脑雕刻并采用高超的喷涂、烤漆工艺精工制造而成，板材表面不用刷油漆，防水、防潮性强，防火阻燃，结构均匀、尺寸稳定、无变形，有像水波纹流动的立体感，常见纹理有沙漠纹、直纹、彩云纹、金钱纹、回字纹、万寿纹、冲浪纹、斜波纹、瓦槽纹、石头纹、树纹、雪花纹等多种造型，施工简单，使用强力胶粘贴或聚胺酯发泡胶点式粘贴即可。除此之外还有石膏波纹板，铝合金波纹板 、PVC波纹板、陶瓷波纹板、玻璃纤维波纹板等，广泛应用于各种装修工程之中，室内常用的波纹板主要是在外表造型装饰，室外主要应用在建筑墙面和屋面的装饰。

7. 桑拿板

桑拿板也称节疤板（图6-86），是一种实木板材，以经过去油处理的松木为主，经过防水、防腐等 特殊处理保持了天然木材的优良性能，不怕水泡、发霉、腐烂，因为经常用在桑拿房的四壁使用，所以俗称“桑拿板”。现在使用范围不限定在卫生间，可以用在任何你想用的地方，可装饰阳台地面、书房、背景墙等处，易于安装、拆卸，方便清洗。

图6-84 波纹板（一）

图6-85 波纹板（二）

图6-86 桑拿板

第四节 装饰材料新产品

一、天荷板

天荷板是由硅酸盐、石英砂、氧化钙、天然纤维以及填料经过复杂的工艺和化学反应而制成（图6-87）。具有防火性能、防水防潮功能，重量轻、强度高、韧性好，易于搬运和安装，主要用于医院（图6-88）等净化场所，使用的比较少。也可以用在墙面、吊顶，效果是非常好的。天荷板不含石棉和苯等有害物质，不含放射性物质，属于绿色环保材料。

图6-87 天荷板

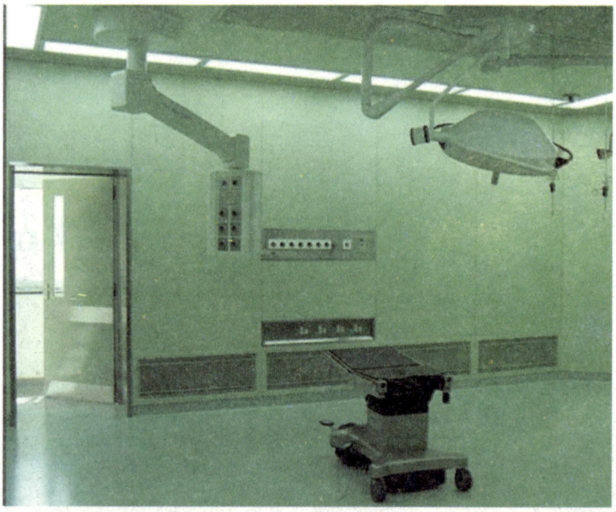

图6-88 天荷板在医院装修中的应用

二、柔性天花

柔性天花是用PVC纳米材料做成的。具有防火、节能、防水、防潮、绝缘的功能，色彩丰富，有亚光面、光面、绒面、金属面、透光面等多个品种。其装饰造型是根据龙骨的形状来确定外观的形状，设计具创造性，设计选择的空间也比较大，且安装方便（图6-89、图6-90），适合各种建筑结构，是理想的可回收的隔音装饰材料，符合环保的要求。

三、PC幻彩膜

PC幻彩膜是在薄膜当中加入无数个细微的类似透镜的反光材料，通过光学作用产生绚丽的立体感，能够表现华丽及幻想气氛的新概念薄膜（图6-91、图6-92）。产品样式丰富，易裁剪，粘接性好，便于施工，是一种新型的墙面装饰材料。主要用于KTV、酒吧等娱乐场所的装修，能渲染出华丽喧闹气氛，装饰后立体效果好，体现出灯红酒绿的独特效果。

四、玻纤天花装饰吸音板

玻纤天花装饰吸音板以玻璃纤维棉板为基材，选择不同的表面喷漆，玻纤薄衬和玻纤内置的方法加工形成的吊顶材料，是最好的吸声材料之一，防火性能好，抗潮性能高，安全性能高，适合使用在游泳馆及湿度较高的场所（图6-93）。

图6-89 柔性天花造型（一）

图6-91 PC幻彩膜（一）

图6-90 柔性天花造型（二）

图6-92 PC幻彩膜（二）

图6-93 玻纤天花装饰吸音板

五、水泥木丝板

水泥木丝板是木材纤维与水泥和无毒性化学添加物高压制成的高质量多用途建材（图6-94、图6-95）。不含甲醛，结合水泥与木材的优点，可防火、防潮、防霉、具有良好的吸音、隔音效果，可抗天气、冰冻变化，易于施工，可以用在室内装饰墙面、地板，内墙与天花板、隔音墙、家具、吸音间等处。

六、硅藻泥

硅藻泥的主要成分为蛋白石，其主要原料是海底或者湖底沉积的硅藻土，富含多种有益矿物质，产品呈干粉状，施工时无须添加任何有机溶剂或化工胶类成分，只需要按照一定比例加入清水搅拌均匀，呈灰膏状，即可直接用于施工。操作方便，适用于一般的墙体基础材料，如纸面石膏板、混凝土抹灰、细木工板等。并可以营造多种肌理效果，质感生动真实，具有很强的艺术感染力，能为墙面提供别具一格的装饰效果。图6-96为硅藻泥的常见纹理。

其特性与运用：

（1）硅藻泥的主要功能是调节湿度，净化空气为主的功能性饰面材料，随不同季节，自动调节空气湿度相对稳定。

（2）具有独特质感，花纹颜色丰富，表现力丰富。

（3）防火阻燃，隔声减噪，抗菌除臭等功能。

（4）防水并且耐擦洗，优于普通涂料的清洁能力。

（5）此种绿色环保新型材料适合于住宅、酒店、娱乐场所、商场、别墅等建筑物的内墙装饰工程，给人独特清晰的视觉感受（图6-97）。

图6-94 水泥木丝板的应用

图6-95 水泥木丝板应用在商业空间

图6-96 硅藻泥的常见纹理

图6-97 硅藻泥应用在室内墙面

本章教学引导

【教学目标】

使学生了解装饰材料在装饰工程中的作用，掌握室内装饰主材的性能、规格等基本功能。重点掌握材料运用部位和实际工程实例中材料的功能性及装饰性，并能在设计创意中灵活运用各种材料元素进行搭配、设计、表现。

【教学要求】

本章要求学生全面掌握常用室内装饰材料的性能特点、选材要求、材料的质感设计，以室内设计工作过程为导向，采用设计任务驱动教学方法重点介绍了室内主要装饰材料的发展概况、生产原料、加工工艺、内在性能、装饰特点及其应用等内容，达到项目任务的化解，提升完成任务的能力。第一节阐述了室内装饰材料的作用、分类及材料的特征，第二节区分比较了材料的材质与质感设计，及影响材料性能的条件。第三节介绍了饰面石才、木材、装饰板材、陶瓷装饰材料、装饰壁纸及墙布、玻璃装饰材料、装饰涂料等品种的性能和特点，并运用室内装饰工程实例讲述了室内装饰材料的应用方法，重点推出了装饰材料新产品，展现装饰材料实际应用，真实反映室内装饰材料的应用效果。运用教学中的情境方式提高学生素养。

【案例导入、问题导入】

1. 通过材质对比来达到特殊效果的装饰工程，适合运用到哪些场所？举例说明，并绘制草图。

2. 一张正常规格的黑胡桃木板材，作为背景墙面分隔造型，如何设计造型尺寸才能充分的运用材料？

【知识链接】

中国装饰材料市场的现状及发展行情，了解各种装饰材料的品牌形象与新产品的开发，关注每年的装饰材料世界博览会，了解最新市场动态。提倡环保节约型材料的使用，关注因装饰材料的质量与污染涉及到的纠纷案件。

【应用案例】

项目一：提供某酒店大堂的平面图，根据面积及空间高度选择某酒店大堂的墙体的装饰材料，并绘制立面图和手绘效果图。

项目二：选择地面铺装形式，为某运动休闲品牌服装设计地面造型及材质

【职业能力目标】

知识要点（专业能力）	方法能力	社会能力
室内装饰材料的基本特征	讲授法	丰富的理论基础
常用装饰材料的性能及运用	模拟教学法、案例教学法	本职工作基本素质的体现

搭配，要求不少于三种材质，要求材质过渡合理、衔接自然、造型能突出此休闲品牌特色。

项目三：分析选择常用吊顶材料，并设计两种不同风格的天花造型，选择其中一种造型用两组材料来区分二者的不同，进行比较后分析总结。

项目四：材料市场调研，搜集相关资料，熟悉各种材料的品牌、规格、价格等，并比较同类产品的优劣，并编写市场调研报告。

【课外阅读、参考材料】

1.《室内装饰材料与应用》
出版社:东南大学出版社
作者: 李栋

2.《室内装饰材料实用教程》
出版社:上海科学技术出版社
作者: 本社

3.http://www.zmm88.com
中国装饰装潢材料网

4.http://www.cbh-jj.com
中国建筑装饰材料网

5.http://www.cedm.com.cn
深圳装饰材料网

【练习题】

1. 人造理石与天然理石的区别是什么？各自的优势是什么？

2. 常用地板的尺寸规格是什么？查找资料绘制地板拼贴节点图？

3. 查找《建筑材料放射性核素限定》按照此标准对材料来分类，并判断室内常用装饰材料属于哪一类别？

4. 查找《室内装饰装修材料内墙涂料中的有害物质限定量》标准，熟悉各材料中甲醛释放量的标准是什么？

【项目实施要求】

掌握室内装饰材料的选用原则，注意材料与造型的协调，注意材料的搭配与装修档次，注意绘图的规范性，图纸装订的顺序及设计说明的编写。

【项目实施与评估】

1. 课堂上布置的任务，随堂完成，采用学生自评设计方案—学生互评—教师讲评—学生打分—综合讲评。

2. 课后作业以模块教学单元的形式上交，教师批改后分发作业，答疑并针对作品进行综合总结。

【项目规范及制作方式】

1. 使用手绘或者CAD软件制图，完成前三个项目的任务，要求A4图幅，标准图框，效果图规格与施工图一致。

2. 完成项目四的要求，市场调研、搜集、总结、并以word文档格式存储，上交电子文件及打印文件。

【本章作业小结】

通过项目任务书的练习，使学生掌握理论知识的同时，更灵活地完成设计实践任务，重点培养学生的应用能力及发挥创造能力。

第七章　室内家具设计

第一节 家 具 种 类

家具是存在于人民生活中的最为实用的生活器具，能坐、能躺、能存储物品，同时也是一种精湛的艺术品，更应该体现出人性化家具的设计，家具不仅仅和人们生活紧密相关，忠实地服务于人们生活的各个方面，并以其自身使用性能满足人类的“衣、食、住”，为人们学习、工作和生活提供舒适、方便的服务。同时，随着家具形式与功能的增多创造了家具美的视觉艺术形态，家具是人类物质文明的要求和建筑行业的兴起而派生和发展起来的，它经历了缓慢而悠久的发展岁月。

一、家具的分类

室内家具的品种繁多，在日常生活与技术交流中，常按其使用功能、制作材料、结构构造体系、组成方式以及艺术风格等方面来分类，具体见表7-1。

二、家具的功能与作用

1. 家具的功能

随着时代的演进，家具作为一种仅具有使用功能的物质品是远远不够的，它还有着丰富的文化背景，家具的本质功能有“两重性”，即实用性和精神性。家具承担着支承、储物功能及其他功能，概括地说必须要以“人”为本，以家具的双重属性做出发点，才能融合到室内设计中。

表7-1　家具类型

分类方式	组 成	分类方式	组 成
按使用功能分类	（1）坐卧类 （2）凭倚类 （3）储存类	按年代	（1）传统家具 （2）近代家具 （3）现代家具
按制作材料分类	（1）木制家具 （2）藤、竹家具 （3）金属家具 （4）塑料家具	按使用环境	住宅、办公、会议室、宾馆、医院、轮船、飞机、火车、学校、实验室等家具
按构造体系分类	（1）框式家具 （2）板式家具 （3）注塑家具 （4）充气家具 （5）软质家具	按使用功能的数量	（1）单用式：仅满足一种使用功能：如餐桌、餐凳、写字台 （2）双用式：能满足两种不同的使用功能，如梳妆写字台，折叠沙发、书柜、写字台等 （3）多用式:能满足三种以上使用功能。如:坐、卧、储物、治疗健身床等
按组成分类	（1）单体家具 （2）配套家具 （3）组合家具	按用途	（1）柜类:衣柜、书柜、食品柜、陈列柜、床头柜、梳妆柜、电视机柜、储物柜，主要用于储藏物品 （2）床类:家用床、病床、单人床、双人床、双层床、沙发床、架子床，主要是满足睡觉的功能要求 （3）台几类：又称桌子，如写字台、餐台、茶几、实验台、麻将台等，主要用于摆设物品 （4）椅类：餐椅、会议椅、影剧院椅、课桌椅、办公椅、、靠背椅、扶手椅、圈椅、转椅、安乐椅（摇摆椅）等 （5）凳类:餐凳、梳妆凳、琴凳、课桌凳、方圆凳、沙发凳、高矮凳、折叠凳等
按使用特征不同分类	（1）固定家具 （2）组合家具 （3）配套家具 （4）多用式家具		

实用性：决定着家具的实用功能，能为人们的日常生活服务，在室内空间中，起着实质性的基础应用性作用。

精神性：是指家具在满足人的生活需要的同时，还能满足人的审美要求，成为人们的精神享受。

2. 家具在室内空间中的作用

（1）组织空间：不同形式的家具在空间平面布局中担当丰富空间和分隔组织功能区域的角色，通过家具的分隔产生固定区域和活动区域。

（2）变化空间：家具的摆放可以随着不同时期的审美需要，进行简单的位置变化，着眼于创造空间气氛的表现。

（3）分隔空间：从水平和垂直两个范围限定空间，分隔形式丰富。

（4）整理空间：通过家具组合，使空间宽敞化，增加活动空间。

（5）丰富空间：家具及附属品的造型和色彩点缀室内空间。

3. 在精神方面的作用

（1）修身养性。

（2）形成室内空间的个性设计。

（3）调节室内的光和色的搭配。

三、家具与人体工程学

人体工程学重视“以人为本”，讲求一切为人服务，在以人为主体的前提下考虑其他因素。良好的家具设计可以缓解压力、节约空间，使人身体健康、心情愉悦；良好的家具设计的源泉也来自于正确地使用人体工程学原理。

人体工程学（ERGONOMICS），也称人类工程学、人间工效学或工效学。这门学科学起源于欧美，作为独立学科已有40多年的历史。在我国古代家具的发展历史中，随着起居方式的改变，家具由低矮型逐步向高型发展，并在明清时代达到家具制作的鼎盛时期，从“席地而坐”的木案、木几家具的使用到现代家具也都是按照人体结构尺寸的要求来设计制作家具的，并逐渐上升到理论从而进行研究和探讨。人体工程学现已广泛应用于现代的工业产品设计、家具设计、室内设计、建筑设计等领域，在家具设计中，家具的尺寸、造型、材料都须符合人体生理、心理尺度及人体各部分的活动规律，以便达到安全、实用、方便、舒适的效果。

家具设计的服务对象是人，它与人体的关系最为密切，设计时要依据人的身高判断身体各部位尺寸，但在我国由于人口众多，人体尺寸差异较多，因此设计时只能以平均数值作为设计的相对尺寸。据2005年中国人平均身高统计数字显示出北京、辽宁、黑龙江一带地区人的平均身高较高；长江三角洲上海、苏杭一带居中；湖南、四川一带较低。可见，家具设计的首要任务是要通过人体高度来研究人的立位、座位和卧位的活动规律从而规范家具的尺寸种类及家具尺寸相互关系。

1. 站立使用的家具

人类站立是最基本的自然姿态，站立时腰部最易感觉到疲劳，因此柜类、桌类、吧台类等家具的尺寸应以人站立使用的高度为基准点，要考虑力的支撑点及人的最高触点的尺寸。如衣柜的最高距离一般是距房顶高400~600mm，过高会产生压迫感，过低视线则容易忽略中心高度，造成视觉的分散，常用的物品应放在最佳触点范围内，太高或太低会在使用中造成不便，一般在900~1600mm范围内。另外国家标准规定，挂衣杆一般至柜顶板的距离为40~60mm；挂长大衣的隔板距离不应小于1350mm；挂短外衣的隔板距离应在900mm左右；衣柜的宽度重点考虑人的肩宽因素，不应小于500mm。

现代板式家具以“32mm”系统设计结构及制作，“32mm系统”是以32mm为模数制有标准“接口”的家具结构与制造体系。“32mm系统”需要零部件上的孔间距为32mm的整数倍，接口处都在32mm方格网点上，使各五金件连接拆装更方便，保证实现模块化，可提高效率并确保打眼的精度（图7-1）。厨房橱柜也是属于“32mm系统”结构，另外，厨房是人们从事站立劳动的重点场所，厨房家具的功能、橱柜尺度是根据人体工程学及橱柜的用途和结构特点设计的。一般橱柜分为地柜、吊柜和高柜，橱柜的常用部位尺度地柜高度的计算方法为：$H=H_1+H_2+H_3$；H_1指台面厚度，通常有18mm、20mm、30mm、38mm，现通常取40mm；H_2指柜屉高度，常取32×22+18=722(mm)，另外常用的橱柜高度还有658mm、818mm，主要用于灶台柜和水盆柜，658mm高度还可用于一些铝合金亮地脚柜；H_3为可调地脚高度，通常为90~120mm或100~150mm，由以上可以得出地柜的高度为852~912mm之间。目前橱柜的国标高度在700~900mm之间，这个高度基本可以适用于不同身高的人，但这些尺寸不是绝对的，特殊人群还要根据具体人体需求尺寸设计。也可以根据这样的经验规律计算，一般吊柜高度比人身体高350mm为宜，较重物体放置高度应低于肩关节，以便于取物，吊柜高度可与吊柜上沿平齐，约2200mm左右。

2. 座位使用的家具

使用写字台、餐桌、坐椅等家具时以座位基准点为准，这类家具与人体接触关系亲密，尤其是坐椅的设计使用更为常见。坐椅按用途可以分为休息用椅、工作椅和多用椅等，由于坐椅用途的不同，常根据人体尺寸膝踝高度、臀部—膝腿部长度、臀部宽度等参数设计并制作。臀部—膝腿部长度是指由臀部最后面到小腿背面的水平距离，主要应用于座面深度，也就是座深，一般应在480~600mm范围内，过深则小腿无法自然下垂，腿肚将受到压迫。椅子高度常定在390~420mm之间，因为高度小于380mm，人的膝盖就会拱起引起不舒适的感觉，而且起立时显得困难；高度大于人体下肢长度50mm时，体压分散至大腿部分，使大腿内侧受压，造成下腿肿胀等。

图7-1 板式家具的 32mm系统

3. 卧位使用的家具

人类有1/3的时间是在睡眠时间中度过的，和睡眠直接相关的家具有床、沙发床及榻等卧具，这些家具以卧位基准点为准。床的长度必然是和人体身高相关的，一般必需大于人体身高，常在1800~2000mm之间，一般来说床沿高度以400~450mm为宜，或以使用者膝部做衡量标准，等高或略高膝盖10~20mm都会有益于健康。床过高或过低都会给上下床带来不便，但特殊功能的床，如医院的病床，老年人使用的床要比常规的床尺寸高，一般在500~700mm左右。

可见，现代家具设计离不开人体工程学的指导作用，但家具尺度的确定不能限制于一成不变的数据当中，而是应该针对设计对象或实际情况按要求选择合适的人体尺寸作为参考数值，这样才有可能将人性化设计融入到家具设计当中，才能会更好地体现出人性化设计与家具设计的关联性。图7-2为室内部分常用家具尺寸示意图。

第二节 家具选用原则及市场品牌

一、家具选用原则

选用家具时，一般要考虑三个层次的问题。首先应满足实际需要，其次是充分利用空间，最后考虑经济承受力。实际选用时应综合考虑，权衡这三者的地位，下面针对家具的选用介绍一些简化了的一般准则。

1. 化整为零

把零散的各种使用功能的家具转化成一组家具，即能塑造完整的空间，又使空间规矩整齐，可用一组沙发来代替一堆椅子，又宜选用那些可以组合、集中的柜橱来存放物品，而不是选用许多小柜子（图

名称	长/宽尺寸(mm)	高(mm)
餐桌	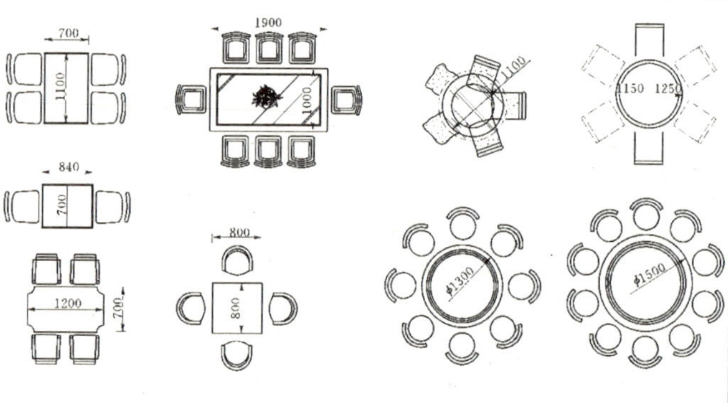	餐桌高：750~780
沙发床	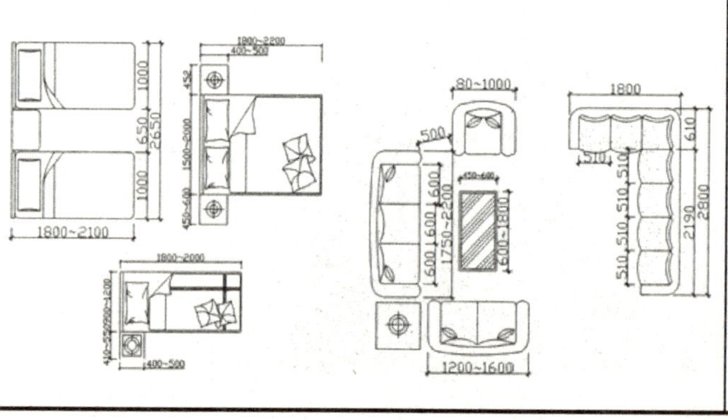	沙发坐垫高：350~420 背高：700~900 床高：380~500

图 7-2 室内部分常用家具尺寸示意图

图7-3 家具选用（一）

图7-4 家具选用（二）

7-3、图7-4）。

2. 具有应变性

所谓应变性包括两个方面的含义：一是家具的容量应有一定延伸能力，以便必要时可容纳更多的物品，供更多的人使用；二是家具的色彩和形体容量易于协调，以便适应室内布置的变更（图7-5、图7-6）。

3. 具有多种功能

虽然家具的陈设有十分重要的一个基本属性，但对室内空间较小的家庭来说，家具的功能及比例要比美观更为重要。因此，应尽可能挖掘家具的多功能潜力，每一件家具最好能具有两种或两种以上的功能，这样才能解决日常生活所需。

4. 具有可变性

这一点也包括两个方面的含义：一是宜购买可在不同时刻发挥不同功能的家具；二是可购买能移动、组合、折叠、充气、拆卸的家具，当然也必须为存放这些物品计算所需要的储存空间。

5. 增大储存量

在购买（或制作）家具时，应注意尽可能增大家具的实际储存量，这样会减少所需家具的数量、避免室内空间过于拥塞。例如，选择有很多抽屉及分隔架子的书桌，或选购附有抽屉的睡床，比起那些长脚家具且脚部开放的家具样式更实用，其实际的储物量要增大很多，也可以将矮柜加上垫子当座位，用装饰较好的大箱代做几台，都可增加储物能力。

6. 考虑不同人的心理需要

家具的造型设计、材料的选用及搭配、装饰纹样、色彩图案等则更要多考虑

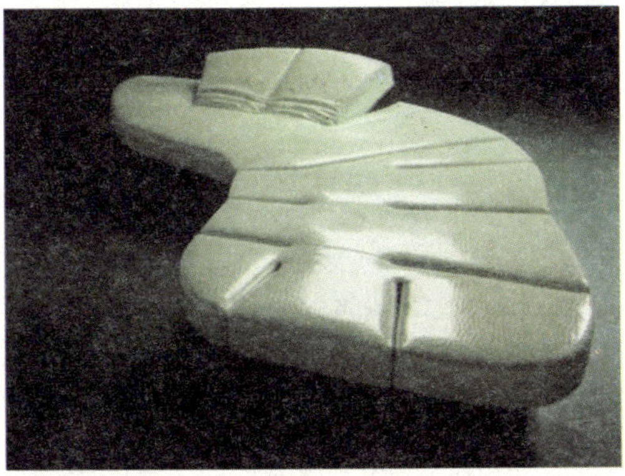

图7-5 家具的应变（一）

图7-6 家具的应变（二）

不同年龄人的心理需要。如老年人房间的家具以造型端庄、典雅、色彩平和为主；青年人房间的家具以造型简洁、轻盈、色彩明快、另类前卫为主；小孩房间的家具以色彩高纯度色、小巧圆润造型、柔性材质为主，另外材质的软硬，色彩的冷暖、装饰的繁简等都会引起人们不同的心理反应。

7. 尊重个性化

市场上的成品家具批量化生产，在质量、价格等方面有一定的优势，但不能完全满足建筑室内外空间的需要，非主流的空间场所对成品家具的需求甚少，因此现代家具设计要因人而异，因地制宜，讲究个性化，追随潮流化，目前对于特殊家具造型采用定做方式的较多，“量体裁衣”式家具设计与生产将能更快适应社会的需要，会很快出现在家具工厂的生产与流通中。

二、家具选用

室内设计所涉及到得家具种类繁多，这里以住宅空间的客厅空间使用的主要家具—沙发为例，介绍沙发选择的要求及原则。

在客厅设计中，首先要明确走动路线，通过走动路线划分平面功能，客厅一般分为动静两区，一个是安静的会客区，主要具有会客、谈话视听等功能；另一个是交通区域，人经常走动的地方，不易摆放家具。沙发的选择受动静区域、空间大小和使用区域的限制，不同空间采用不同沙发体型，如欧式沙发大，现代风格方沙发小；天气炎热的地方很少用皮革沙发等，沙发在居家中有着重要地位，能决定居室的主调，选购应注意以下几个方面。

首先要考虑舒适性（图7-7）。沙发的座位应以舒适为主，其坐面与靠背均应适合人体生理结构。如果居室面积较小，兼备坐卧功能的沙发床便是一个不错的选择。

其次要考虑不同的使用者的年龄特征，对老年人来说，沙发坐面的高度要适中，若太低，坐下、起来都不方便；对年轻夫妇来说，买沙发时还要考虑到将来孩子出生后的安全性与耐用性，沙发不要有尖硬的棱角，材质不要过于坚硬，颜色以鲜亮活泼为主。

再次要考虑房间大小（图7-8），小房间宜用体积较小的实木或布艺沙发，这

图7-7 选沙发要考虑舒适性

图7-8 选沙发要考虑空间大小

图7-10 沙发与家居风格相协调

样房间的剩余空间会大些；大空间摆放较大沙发并配备茶几，会更方便舒适；另外，房间小可选择沙发坐板下面有储物空间类型的，便于存放物品。

然后要考虑沙发的组合可变性（图7-9），最好选择由不同单体沙发组合成的组合沙发，有可移动、变化性，可根据需要变换其布局，随意性较强。若购买布艺沙发，可多准备一套沙发套，以备随时更换。

最后要考虑与家居风格相协调（图7-10），沙发的色彩质感非常关键，对整个空间既有美化功能，也有破坏功能，选择时要判断准确适用功能，沙发的面料、图案、颜色要与居室的整体风格相统一。所以住宅客厅空间一般先选购沙发，再搭配其他物件，才能创造出美妙的空间氛围。

三、市场品牌

据国家统计局中国行业企业信息发布中心透露，2007年下半年全国市场消费平稳快速增长，购买力进一步向名优品牌集中，名牌消费品仍占据较高的市场份额。2008年家具市场的发展趋势较好，中国家具已经形成以民用、软体、酒店、办公、教学和厨房家具等几大系列为主的现代家具。目前，中国家具以价廉物美、品种繁多，且注重文化底蕴，在市场上具有较为鲜明的特点，其吸引力不断增强。近年来，通过不断发展和调整产业结构，家具生产门类基本齐全，生产规模不断扩大，加工设备、生产技术和工艺水平也有明显提高，涌现出了一批具有一定生产规模的国内外知名品牌。家庭家具的知名品牌有曲美家具、红苹果家具、宜家家具、华日家具、全友家具、双叶家具等；办公家具知名品牌有震旦、Steelcase-Ultra欧美、UB优比、冠美等。家具行业已经走向成熟化，由过去的请木工手工制作家具逐渐向购买成品家具的趋势发展，各种使用功能的家具由专门的家具设计师构思设计，由机械化流程施工作业，质量高，生成周期快，成品家具占有强大的市场份额，而今室内设计装修需求的家具除特殊空间要求个性制作以外，其他家具都是成品采购，所以成品家具市场潜力强大，更多市场品牌要朝着高技术、高标准的方向发展。

图7-9 沙发的组合可变性

四、家具设计名家作品欣赏

1. 现代家具（图7-11、图7-12）

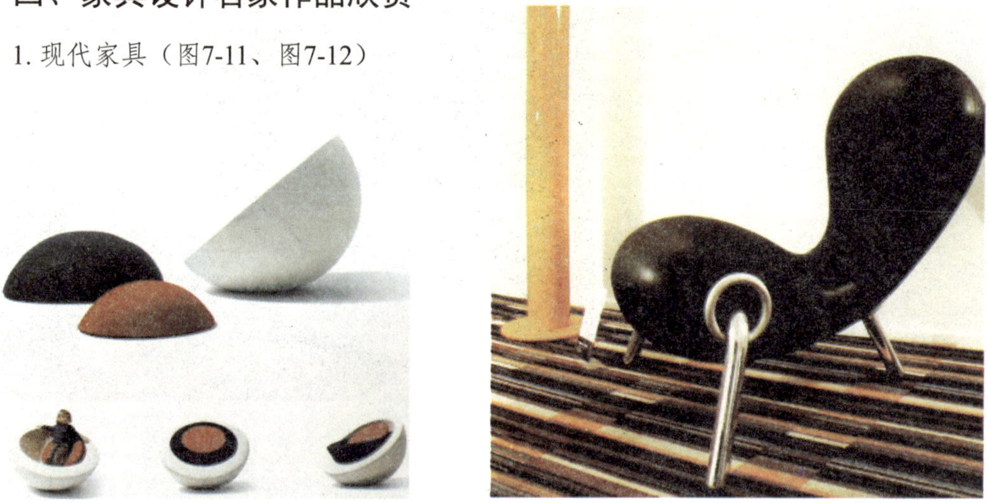

图7-11 现代造型家具

图7-12 现代造型椅子

2. 组合家具（图7-13、图7-14）

图7-13 现代组合沙发(一)

图7-14 现代组合沙发(二)

3. 软质家具（图7-15）

图7-15 软质布艺沙发

五、家具设计学生作品欣赏（图7-16~图7-18）

图7-16（一） 用水瓶、筷子、玻璃、羽毛球、棉布、易拉罐等制作的家具模型图

图7-16（二） 用水瓶、筷子、玻璃、羽毛球、棉布、易拉罐等制作的家具模型图

图7-17 用易拉罐、棉布等制作的家具模型图

图7-18 用瓦楞纸制作的家具模型图

本章教学引导

【教学目标】

掌握家具在室内环境中所占的位置，家具设计的总体要求，重点掌握常用家具的尺寸，并记忆家具尺寸，满足了住宅空间设计的需要 。

【教学要求】

本章是室内设计专业的重点课程，主要研究家具发展的历史及各时期家具设计的风格和制作工艺。主要学习室内家具的设计原则，通过对平面与立体、形态与构造、材料与加工等关系的理解，以提高学生初步设计家具的能力，培养学生的设计能力和创造能力，为室内设计打下基础。

【职业能力目标】

知识要点（专业能力）	方法能力	社会能力
家具的选用和布置原则	课题任务法、知识传授案例教学法、主题法	丰富的理论基础
家具布置与空间的关系	情景法、技能训练项目驱动法	增强学生的审美能力和提高设计技巧
室内绿化布置方式	素质培养过程贯彻法	科学而又迅速地提高学生的专业水平和实操技能

【案例导入、问题导入】

通过几件时尚的有代表性的家具设计作品引出本章内容。

【知识链接】

了解最新家具设计动态，阅读家具设计时尚杂志，经常登陆经典家具设计网站，搜集设计案例，并进行家具设计速写，以备设计需要。

【应用案例】

项目一：沙发、餐桌、床、衣柜等独立家具的设计与部分模型的制作。

项目二：小空间的家具平面布局设计。

项目三：参观家具市场，对家具的风格、造型、材质、品牌、价格等进行考察。

【课外阅读、参考材料】

1.中国家居网
http://www.fdesign.com.cn

2.中国家具设计师网
http://www.sjs68.com

3. 中国家具网
http://www.jiaju.cc

4.中国名家具网
http://www.3f.net.cn

【练习题】

1. 餐厅的家具布置合理性应考虑哪些因素？

2. 沙发在居家中有着重要地位，能决定居室的主调，那应怎样选购沙发呢？

3. 客厅沙发常见的布置方式有哪些？

4. 家具布置的法则是什么？

5. 家具选用的原则是什么？

【项目实施要求】

掌握室内设计中家具选用的原则，注意材料与造型的协调，注意家具布置与装修档次的关系，注意绘图的规范性。

【项目实施与评估】

采用学生互评与教师讲评的方式对学生的方案设计进行综合评估。

【项目规范及制作方式】

绘制方案中的家具造型的三视图，按照比例绘制，并标明材质及节点工艺，重点家具造型设计采用效果图表现的形式。

【本章小结及作业小结】

教学中，通过让学生临摹设计练习与实际考察相结合的教学方式，让学生充分掌握不同家具的特性及尺寸，为后期的设计多收集资料，训练学生的语言表达能力，通过方案讲解使学生的设计语言得到发挥，为适应社会打下坚实的基础。

第八章　室内陈设

第一节 室内陈设设计与文化

一、室内陈设的含义

室内陈设是指对室内空间中的各种物品进行陈列与摆设，包括功能性为主的陈设的家具装饰和灯具装饰，还有观赏性的装饰陈设，另外织物、日用品、艺术品、工艺品、纪念品及个人收藏品、观赏性动植物也属于陈列品范围。图8-1为工艺品陈设，图8-2为日用品陈设。

二、室内陈设的作用

各种陈设能赋予空间生机和精神价值，是室内装饰中不可缺少的一部分，陈设设计和其他空间设计手法不同，需要细腻的设计思维，它能起到加强空间、烘托室内环境气氛、强化室内环境风格、柔化空间、调节空间色彩的作用。同时能反映民族特色和个人品位，丰富社会交往，调节生活情趣，陶冶人的情操，是设计中最具趣味性的设计内容。

三、室内陈设的陈列原则及方式

室内陈设品的布置原则首先要与室内使用功能相一致，其次陈设品摆设与空间构图要均衡、合理、丰富，并要主次分明，同时还要考虑陈设品的观赏效果（图8-3、图8-4）。

1. 墙面陈列

通过垂直墙面来展示物品位置与整体墙面及空间的构图关系，常用成组陈列的方式与整体环境的构图相协调。

2. 台面陈列

通过各种水平表面摆放或者合理安置陈设品，此种陈置布局灵活、布置方便，秩序感强、组合变化丰富，多用同类色、局部对比色的方式与空间环境融合（图8-5）。

3. 储藏陈列

使用分隔较多的储藏柜、橱架、书架等家具，摆放各种不同物品，一般局部是开敞形式的储物分隔，大多数是带柜门的

图8-1 工艺品陈设

图8-2 日用品陈设

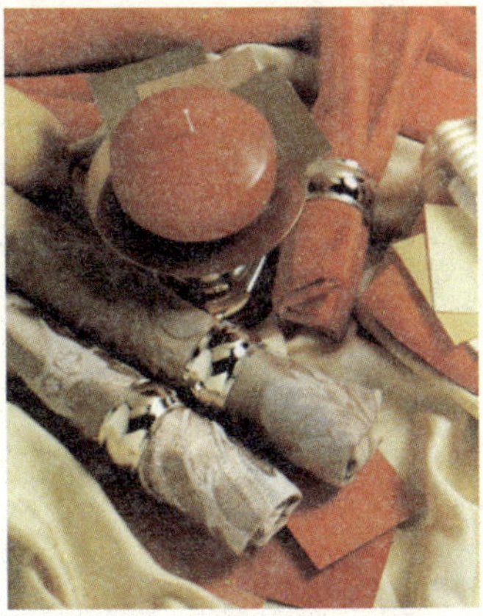
图8-3 陈设烘托喜庆气氛

图8-4 陈设调节环境

图8-5 台面陈列

分隔，物体摆放不宜凌乱，还要注意橱架与其他家具以及整体环境的协调关系。图8-6为展架陈列。

4. 其他方式的陈列

还可以通过地面陈列方式、悬挂陈列方式和窗台陈列方式等来处理。图8-7为悬挂陈列。

四、室内陈设设计与文化

在室内空间艺术氛围的营造中，从空间环境到家具陈设的两个视觉设计阶段，设计师要运用物质材料、加工工艺组构成具有视觉意义的空间艺术形体，为人的视觉和触觉提供审美感知的形象和空间实体。

图8-6 展架陈列

图8-7 悬挂陈列

1. 生存环境艺术化

人类的生存环境文化，涉及人的艺术化审美心理，并把它作为人的一个本能命题来看待，对于充分文明的社会来讲，人的创造永远是按照美好心愿来进行的。

2. 生活方式意趣化

生活方式意趣化的审美需求，是人对生活的一种挚爱以及人的纯净审美心理的一种真实写照和表现。

3. 精神层面多样化

设计的精神层面是指凝固于物质层面和体现于技术层面的社会意识和设计者的文化素质与审美能力，实际上是对人的个性的弘扬。人类精神文明层面是多元化的，是由社会生活的复杂性决定的，是通过人的情感内涵和行为活动的内容体现的。人类情感层面是社会性的、复杂的，那么陈设设计必须在空间总体设计原则的基础上，充分运用人的联想、象征、借景等手法寄情于环境之中，在精神层面中，把大自然变为自己有机的身体，又能根据大自然中的事物进行美化处理，才能变成更高艺术心灵的象征。图8-8、图8-9为陈设与文化。

图8-8 陈设与文化（一）

图8-9 陈设与文化（二）

第二节 室内软装饰

一、室内软装饰的概念

1. 种类

软装饰的种类非常广泛。这主要由纺织品、家具、室内陈设及装饰配套工艺品等装饰物组成。

2. 含义

软装饰即各类装饰物通过有序或无序排列组合后呈现出来的一种艺术现象。具体地说就是在硬装修完毕后，利用那些可更换、可变动位置的室内纺织品、艺术品等实用与装饰物品（如窗帘、沙发、壁挂、地毯、床上用品、工艺台布、字画及装饰工艺品等），对室内空间进行再度陈设与布置装饰。

软装饰是一种不同于室内装饰的艺术，它是一门研究空间内部艺术效果的学科。它能冲淡工业文明带来的冷酷感，能创造温馨和谐的生活环境并抚慰人们的情感，因此，随着现代工业文明的迅速发展，社会审美意识普遍提高，人们越来越认识到“软装饰”相对与“硬装饰”在触觉、视觉及心理上给人的迥然不同的感受，使其成为室内设计中不可缺少的重要组成部分。图8-10、图8-11为室内软装饰品。

图8-11 室内软装饰品（二）

3. 作用

软装饰可根据空间的大小、人们生活习惯和兴趣爱好从整体上综合策划装饰装修设计方案，软装饰也属于陈设范围，其装饰作用与陈设装饰作用一致，对空间内部起到很好的修饰作用。

4. 发展状况

在我国的室内环境设计中，软装饰已越来越受到人们的重视与认同，并开始利用软装饰去构筑健康、文明的生活方式。

图8-10 室内软装饰品（一）

“轻装修、重装饰”是室内设计发展的趋势，这也就促进了装饰设计相关专业的发展，如布展、插花等细致的学科的诞生，可见，人们对于装修的要求不再停留最基本的“能用”阶段，最关键的是要陶冶情操。那么，要想营造一个理想的环境就必须处理好软装饰。首先，要从室内环境的整体要求出发，创造符合环境性格的软装饰；其次，从人的心理需求出发，不同职业、不同文化修养、不同情趣爱好的人，有着不同的心理状态，所以对室内软环境的要求也有所不同；再次，要从消费者的经济水平出发，应鼓励以最少的经济投入获得最佳的室内装饰效果。总之，当今社会以人为先，只有把人放在首位，才能使设计更加的人性化。作为设计师要充分利用不同装饰物所呈现出的不同的性格特点和文化内涵，创造出丰富多彩、充满情趣，而且美观舒适的室内环境。

二、室内软装饰物品的风格

软装饰艺术20世纪20年代兴起于欧洲，又被称为装饰艺术派。随着历史的发展和社会的不断进步，软装饰也逐渐形成了自己的风格，大致有以下几种。

1. 古典风格

西洋古典风格——亦欧式（图8-12），这种风格的特点是华丽、高雅，给人一种金碧辉煌的感受。最典型的古典风格是从16、17世纪文艺复兴运动开始，到17世纪后半叶至18世纪的巴洛克及洛可可时代的欧洲室内设计样式。室内以纵向装饰线条为主，包括桌腿、椅背等处采用轻柔幽雅并带有古典风格的花式纹路、豪华的花卉古典图案、著名的波斯纹样、多重皱的罗马窗，以及格调高雅的烛台、油画、水晶灯等装饰物都能完美呈现其风格。

图8-13 中式古典风格装饰

中国传统风格——具有庄重、优雅的双重品质（图8-13）。通常采用古色古香的装饰，室内色彩以凝重的红色系为主，软装饰品以手工织物居多，大都采用绸、缎、丝、麻等做材料，表面用刺绣或印花图案做装饰，再配以中国山水挂画、唐三彩、青花瓷器，中国结等典型的中国元素装饰物加以强化，使室内的中国味道体现得淋漓尽致，给人一种既热烈又含蓄、既浓艳又典雅的视觉感觉。

图8-12 欧式古典风格装饰

2. 乡村风格

自然、朴实和感性是乡村风格的体现（图8-14）。室内以木、藤、草制品居多。除此之外，一些陶瓷的小饰品以及带有方格、直条和花草图案的布艺，也是乡村风格室内中必不可少的装饰物品。乡村风格最大的特点就是要体现自然、随意的感觉，所以室内设计整体风格上要保持朴素、原始之感。

3. 现代风格

现代风格主张简洁、明快，注重使用功能，强调室内空间形态和构件的单一性、抽象性，追求材料、技术、空间的表现深度与精确。常运用几何造型，给人以极强的时代感和抽象美，室内的氛围随意、舒适，有时在局部采用一些夸张、变形等手法造成视觉上的冲击，以突显鲜明的个性和简洁的主题。

图8-14 乡村风格装饰品

图8-15 纺织品调整空间尺度

三、室内软装饰的运用

室内软装饰主要由纺织品、家具、室内陈设以及配套工艺品等装饰物组成。其中纺织品配套设计是室内软装饰设计的主要内容。它往往决定着室内软装饰的主基调，可以使空间产生文雅、温和的感觉，并且色彩、构造和性能丰富多样，设计上主动性较强。

1. 室内纺织品的种类

（1）实用性纺织品。包括窗帘、床上用品、枕巾、帷幔、靠垫、地毯、沙发巾、台布等。

（2）装饰性纺织品。包括挂毯、壁挂、挂饰、软雕塑、织物玩具等。

2. 室内纺织品的作用

（1）调整室内空间尺度。室内纺织品使用范围非常广泛，它可以改善和弥补室内空间的大小、高低等尺度不尽如人意的地方，使室内空间更加完整、更协调（图8-15）。

（2）分隔和划分室内空间。用纺织品分隔空间有很大的灵活性和可控制性。通常可用帷幔、帘帐、织物屏风等对室内空间进行划分，目前，市场上流行各种质地的线帘做软装饰，能塑造出“一帘幽梦”、“美人卷珠帘”的效果（图8-16）。

（3）营造室内环境气氛。在室内巧妙地运用纺织品，有助于室内环境气氛的创造。暖色易创造热烈的气氛、冷色易创造宁静的气氛；色彩素雅的易创造自然朴

图8-16 纺织品分隔限定空间

实气氛，色彩浓艳的会创造欢乐、奔放气氛。在设计中要恰到好处运用纺织品的色彩创造室内环境的空间气氛（图8-17）。

（4）形成室内的视觉焦点。室内的纺织品除了具有实用功能，还有一部分是纯装饰性的。它们经过精心的设计和挑选，常常可以成为室内空间的重点装饰和人们视线的焦点，为室内空间气氛的营造锦上添花（图8-18）。

3. 室内纺织品的搭配原则

（1）纺织品的组织搭配形式。室内纺织品由于其各自的功能特点决定了其在室内所扮演的角色也有所不同。通常窗帘、床罩、沙发布占主导地位，而地毯、墙布、桌布、靠垫、壁挂等居次要地位。占主导地位的纺织品最为重要，它们决定了室内纺织品配套总的装饰格调，而居于次要地位的纺织品从属于主导地位的纺织品，在室内环境中起呼应、点缀和衬托的作用。所以在室内软装饰的设计中要处理好它们之间的关系，使室内软装饰主次分明、宾主呼应（图8-19）。

（2）纺织品色彩的运用。不同的色调会给人不同的心理感受，我们观察外界最先引起我们注意的一定是色彩，所以从装饰的角度看，室内纺织品设计的纹样造型和色彩在室内环境氛围的营造上起着十

图8-18 装饰品形成室内焦点

图8-17 纺织品营造环境气氛

图8-19 装饰品配套搭

分重要的作用。一般情况下赏心悦目的色调给人轻快的美感，而灰暗的色调给人忧郁、烦闷的压抑感，在寒冷的冬季或光线阴暗的室内空间，宜选用暖色调织物组合，如红色，可以给人温暖的感觉（图8-20）；在炎热的夏季或日照充分的室内空间，可选用冷色调的织品配套，如蓝色系，能起到降温的作用（图8-21）。同时，在选择室内纺织品的主色调时，还应考虑主色调与使用功能、装饰形式和地域环境的关系，只有综合处理好各方因素，才能设计出符合室内整体环境的配套织物。

（3）纺织品图案的运用。利用纺织品的图案所产生的节奏和韵律可增添室内环境的韵律美，使其更加和谐。在纺织品图案的配置上，主要有单独纹样、适合纹样、角隅纹样、边饰纹样、散点纹样、连续纹样和条格纹样等形式，纹样设计属于染织美术设计专业，它运用色彩和纹样，结合纺织和印染工艺，以装饰艺术情趣满足人们对纺织品的审美需要，也是一种“美”的塑造手段。总之，只要有意识地运用形式美法则，掌握装饰纹样具的连续性和重复性，就能使室内环境达到意想不到的效果，图8-22、图8-23为七星级酒店——迪拜的伯瓷酒店Burj Al-Arab hotel套房的装饰图案。

图8-20 织物暖色调搭配

图8-22 伯瓷酒店套房装饰（一）

图8-21 织物冷色调搭配

图8-23 伯瓷酒店套房装饰（二）

第三节 室内绿化及水体设计

一、室内绿化设计

（一）室内绿化设计的概念

室内绿化是指在室内环境中，将自然界的植物、山水等有关素材进行科学的组织和美化，使其创造出满足人们生理需要和心理需要的空间环境，更好地协调人与环境之间的关系。

室内绿化是室内装饰不可缺少的部分，它主要由各种绿色植物和花卉构成。随着人类科技的不断进步、现代化城市的飞速发展，以及现今快节奏的生活方式，人们亲近自然的机会越来越少，特别是长期生活、工作在室内的人，更渴望周围有绿色植物的环境，因此，人们将绿色植物引入室内，成为室内环境的组成部分。它不仅用来观赏，给人以美的享受，更多的是提高环境质量，保证人们的身心健康。

（二）室内绿化的功能

1. 改善室内环境

绿色植物经过光合作用可以吸收二氧化碳，释放氧气，而人在呼吸过程中，吸收氧气，呼出二氧化碳，从而使大气中氧和二氧化碳达到平衡。在当前城市环境状况日益恶化的形势下，合理有效地利用好室内绿化，不仅能起到防暑、降温、保湿的功能，还可以净化空气，减少噪声，特别是能够减轻因室内装修而产生的对人体有害的气体，有利于人体健康。

2. 组织空间

现代室内设计中，绿化已成为空间组织的重要组成部分。不同的空间通过植物的配置，可以突出空间主题，并能对空间进行分隔、限定与疏导。比如在很多公共空间的中心处、入口处以及交通转折处等视觉中心位置都会放置一些醒目的、富有装饰效果的植物，以起到强化空间、突出重点的作用；在一些餐饮空间和办公空间，常利用绿化来分隔大空间，产生不同的小空间，使室内既有一定的间隔，又不会产生封闭感，保持了空间的通透顺畅；还有一些建筑物利用绿化由外部一直延伸至内部，起到了组织空间、引导方向的作用。

3. 满足人们精神需求

热爱大自然、亲近大自然是人类的本性，尤其对于久居闹市的现代人更需要绿色，需要新鲜空气。植物是活的生命体，充满了生机，在室内布置绿化可以使人产生回归自然、返璞归真的感觉。特别是很多的居住环境都专门布置了小庭院，让渴望田园生活的都市人在繁忙过后达到身体和心灵的放松（图8-24）。

4. 美化室内环境

由于植物本身带有天然优美的造型和丰富的色彩，所以作为装饰性的陈设，它比其他任何陈设更具生命力和魅力。植物的形态和色彩可作良好的背景；有特色的植物还可作为室内的重点装饰；在室内如果有难以利用的空间，可以利用绿化装点剩余空间；植物与其他的陈设相搭配，还可以增加室内的艺术效果（图8-25）。

（三）室内绿化的运用

1. 室内绿化的选择条件

（1）室内物理条件要符合要求。植物的生长对室内的光照、空气、温湿度都有所要求，所以在选择绿化植物的时候应选择季节性生长不太明显且容易成活的品种。

（2）室内绿化要符合室内的文化氛围。中国历史悠久，文化灿烂，很多植物都具有文化蕴涵，不仅从观赏上能给人以美的享受，在精神上也寄托着人们的情感和意志。比如梅、兰、竹、菊等植物都有一定的象征寓意，还有很多代表富贵、喜气的植物，根据不同的寓意选择不同的植物，既美化了环境又可以体现使用者的性格和品位（图8-26）。

（3）室内绿化要符合室内的空间条件。室内绿化的选择要根据不同的空间位置、空间的大小尺度以及色彩等方面进行选择（图8-27）。

图8-24 绿化满足人们精神追求

图8-25 绿化美化室内环境

2. 室内绿化的形式

（1）按照装饰功能可分为观叶植物、插花、盆景。

观叶植物：原产热带的潮湿、阳光不足的原始雨林中，具有一定耐阴性。适合在室内散射光条件下生长，是专供室内观赏的植物。

插花：表现植物自然美的一种造型艺术，能给人一种追求美、创造美的喜悦和

图8-26 绿化符合室内文化氛围

图8-27 绿化符合室内空间条件

享受。分为鲜插花、干插花、混合插花和人造花插花。其特点是装饰性强，作品精巧美丽，而且可以长时间的保存和利用。一般布置于会场、会议室、宾馆大厅等公共场所的重要位置，在家具装饰中也同样能起到画龙点睛的效果。

盆景：是我国传统的优秀园林艺术珍品，它以树木、山石等为素材，经过艺术处理和精心培养，在盆中再现大自然神貌的艺术品。它具有较高的观赏价值和艺术价值，用于装点庭园、美化厅堂。在我国室内绿化中有着悠久的历史和重要的文化价值。

（2）按栽植方法可分为单株栽植、组合盆栽、水栽、瓶栽。

单株栽植：室内采用最多最灵活的一种形式，一般选用观赏性较强的植物，姿态、色彩要求优美、鲜明，可布置在人流交叉的中心或空间的过渡、转换处。

组合盆栽：是人为地将同品种或习性相近的不同种植物栽植成一个花卉的复合体，配置要求疏密相间，错落有致，层次丰富，较之单株花卉更具观赏效果，是一种较经济实惠的艺术品。

水栽：水生植物大多喜光，有水面配置、浅水配置和深水配置三种方式。水生植物不仅具有良好的抗污性，而且能创造一种生动、自然的水景，再配以人工照明和各种别致的容器，更能增加植物的神秘感和艺术感。

瓶栽：是栽植在各种大小、形状不同的玻璃及透明容器中的植物。宜选择植株矮小、生长缓慢的植物，其最大特点是无土栽培，养护方便、摆放自由。它小巧、美观，是一种新型的花卉栽培法。

（3）按配置方式可分为陈设、垂吊、壁饰、攀附。

陈设：即陈列式，是室内绿化装饰最常用和最普通的装饰方式。包括点、线、面三种方式。采用陈列式绿化装饰，应注意陈设的方式、方法和使用的器具要符合装饰的要求。

垂吊：在室内空间条件允许的情况下，结合天花板或灯具等固定物件，利用花盘或塑料盆将植物用悬绳吊挂。这种方式即可以充分利用空间，又可创造一种生动活泼的空间立体美感。

壁饰：分为挂壁悬垂法、挂壁摆设法、嵌壁法和开窗法。壁饰装饰法形式灵活，不占用地面空间，是室内墙壁美化绿化。采用此种方法时，应注意植物的姿态和色彩要与墙面相协调。

攀附：在种植器皿内栽上能盘绕攀附类的植物，使其形成一种上攀下垂、层层叠叠的效果。居室设计中使用，可以使室内气氛更加幽静典雅。选择时应注意选择容易在室内存活的植物。

3. 室内绿化的布置原则

室内绿化的布置要根据不同的场所、不同的要求，采取不同的布置方式。

（1）重点装饰与边角点缀。处于重要地位的中心位置，如大厅中央以及处于较为主要的关键部位，如出入口，通常都利用植物进行重点装饰，而处于一般的边角地带，如墙角边隅、楼梯背部等部位可以进行边角的点缀。

（2）结合家具、陈设等布置绿化。绿化与家具、陈设、灯具等同为室内软环境的组成部分。室内布置上要根据室内装饰的风格特点选择与其相适应的植物，使其与室内环境相得益彰，成为有机整体。

（3）组成背景、形成对比。植物除了自身所具有的生态特性，还有美化环境的作用，通过其独特的形、色、质，集中布置成背景，与其他物品形成对比。

（4）垂直绿化。垂直绿化通常采用

天棚上悬吊的方式，也可利用吊柜、隔板等进行布置。既可以充分利用空间，又可以增加绿化面积，而且还可以形成一种灵动的艺术效果，在家居设计中经常用到。

（5）沿窗布置绿化。沿窗布置绿化，可以使植物充分接触到阳光，形成室内的绿色景观。通常采用小型盆栽进行布置。

4. 室内绿化的常见品种

耐阴植物——竹芋、广东万年青、春羽、包叶芋、虎尾兰、发财树、棕竹、千年木、白鹤仙、矮棕等。

半阴植物——国兰、蝴蝶兰、文心兰、鹤望兰、荷包花、球根海棠、马蹄莲、君子兰、杜鹃花、一品红、八仙花、仙客来、灯笼花、铁兰、花烛、五彩芋、美叶芋、一叶兰、银叶菊、白网纹草、手树、散尾葵、绿元宝、巴西铁树、富贵竹、锦鸡尾、翡翠珠、长寿花、白纹草、星点木、万年青、山茶花、红牡丹、橡皮树、鹅掌柴等。

喜光植物——矮牵牛、香雪兰、郁金香、风信子、菊花、瓜叶菊、非洲菊、叶子花、茉莉花、栀子花、米兰、百合花、朱顶红、含羞草、变叶木、苏铁、象牙球、山影、孔雀蓝、虎刺梅、石头花、佛手掌、酒瓶兰等。

垂吊植物——文竹、武竹、常春藤、吊金钱、吊兰、彩叶草、石莲花、扶芳藤、网纹草、龟背竹、玉羊齿、猪笼草、银斑椒草、天竺葵、冷水花、鹿角羊齿、紫叶草、旱荷、吊竹梅、蟹爪仙人掌、吊兰花、铁线蕨、长清花、富贵菊、合果芋等。

二、室内水体设计

水体与植物、山石等共同构成室内的绿色景观，它既能沟通和分隔空间，还可以丰富空间、增添情趣。图8-28、图8-29为室内水体。风水学中认为水木自亲，天人合一，自古有“无山无水不成居”之说，室内设计中水更有聚财之意，藏风纳水，是可以带给空间灵气，是室内设计中颇具特色的一个部分，大致可以分为以下几种。

（1）水池。即在室内修筑蓄水池，或以水面为镜，配山石、植物相互映衬，形成室内独具特色的自然景观，使人心旷神怡、浮想联翩。其最大的特点是平和，但又不失生气。设计上可采用不同形状、不同深度、不同材料体现不同的风格意境。

（2）喷泉。喷泉的特点是比较活泼，有人工和自然之分，特别是随着现代科技的发展，人工喷泉的形式种类繁多，很多与声、光结合，形成音乐喷泉、彩色喷泉，给人以好的视觉效果和愉悦的心理感受，同时，壁泉和涌泉也是室内水体常用的方法。迪拜的Burj Al-Arab酒店，音译泊瓷，是世界上唯一的建筑高度最高的七星级酒店，以水上的帆船为外观造型，饭店到处都是与水有关的主题，饭店门口处有两个大喷水池，约15~20min就换一种喷法，最重要的是喷泉中融合了水与火的特殊设计，使水在火中流淌，火在水中燃烧，这一奇特设计也是世界室内水体设计的又一里程碑。

（3）瀑布，是在室内利用假山、叠石，低处挖池作潭，使水从高处泻下，击石喷溅，仿佛飞流千尺之势，其动感很强，落差和水声可使室内变得有声有色。

（4）水帘（水幕），是利用成排的小孔使水从高处直泻下来，形成一个平面的水帘幕，与瀑布的基本构造相同，但它给人的感觉是更加轻薄，可以营造出一种

图8-28 室内水体（一）

图8-29 室内水体（二）

闲适、雅致、朦胧的气氛。

（5）叠水。利用水的连续高差，使水从台阶或水槽等构造物中分层连续流出的水景，能营造一种自由流畅、层次丰富的空间效果。

本章教学引导

【教学目标】

使学生了解软装饰及绿化在室内设计中的作用，掌握室内软装饰和绿化设计的方法及原则，并能在设计创意中灵活运用材料元素进行搭配、设计、表现。

【教学要求】

本章要求学生全面掌握常用室内软装饰和绿化的特点、选材要求及组织原则，采用设计任务驱动教学方法重点介绍了室内软装饰的发展概况、主要风格和基本运用以及室内绿化的功能和组织方法，达到项目任务的化解，提升完成任务的能力。第一节阐述了室内软装饰的概念、风格和运用。第二节介绍了室内绿化设计及水体设计，其中包括室内绿化的概念，功能、组织方法和常见类型，以及水体设计的种类和方法 。

【案例导入、问题导入】

1. 通过现今设计领域流行的“重装饰、轻装修”的理念引导出问题，什么是软装饰？

2. 生活的空间中，常见的室内外绿化植物，能否准确地说出植物的名称、特性、摆放的场所及寓意是什么？

【知识链接】

通过调查了解目前市场上流行的软装饰品的品牌，并参观花鸟鱼市场中绿色植物，了解他们各自的特征。

【应用案例】

项目：为住宅装饰工程进行后期处理，即进行装饰品搭配设计，以草图或PS处理形式表现。

【职业能力目标】

知识要点（专业能力）	方法能力	社会能力
室内陈设设计与文化	张贴图片	欣赏能力及素质积累
室内软装饰	模拟教学法	装饰品搭配能力
室内绿化及水体设计	直接观看并参观	丰富生活常识能力

【课外阅读、参考材料】

1.《室内设计》
出版社:上海人民美术出版社
作者: 梁展翔
2.《室内植物装饰设计》
出版社:重庆大学出版社
主编: 庄夏珍
3. 香巴拉家居网
http://design.sunbala.cn

【练习题】

1.记住家庭中常摆放的绿色植物的名称。

2.如何为住宅的起居室、客厅、书房选择布艺及工艺品?

【项目实施要求】

设计出装饰品的主体色调，用色块或图案造型的方式绘制设计草图，并与整体方案进行统一的设计创意处理。

【项目实施与评估】

通过查看图片、分析实物及市场参观等手段，对室内软装饰的作用深刻认识，并合理的搭配到方案中，采用综合评估的形式评价搭配的整体性。

【本章作业小结】

本章作业不在画面上体现出来，但要从注意观察周围的生活环境入手，考虑生活细节的设计，并与其他相关设计专业的理论知识结合，掌握丰富的知识含量，虽说本章没有大量的图纸设计，但软装饰和水体衬托的作用不可忽视。

第九章　住宅空间设计

住宅作为人们居住使用的建筑，是满足人们需要的必不可缺的重要场所。住宅发展跟随人们的生活水平息息相关，住宅的适用性、经济性、美观性是我国人们的根本要求，也是住宅设计的原则，其中以适用性为关键。由于人们对居住空间认识不断的提高，对生活质量要求也越来越高，住宅设计的健康设计理念更为重要，人们对住宅的使用功能和对生活格调与品位的要求也就越来越凸显。本章重点介绍住宅空间的内部布局及功能分隔，结合目前我国住宅建筑的结构形式及住宅发展的趋势，综合分析住宅内部空间的设计与使用要点。

第一节 住宅空间设计原则

一、住宅类型分类

1. 按照高度分类

（1）低层建筑：是指高度不大于10m的建筑，低层居住建筑为一层至三层。

（2）多层建筑：是指高度大于10m，小于24m的建筑，多层居住建筑为四层至九层（其高度大于10m，小于28m）。

（3）高层建筑：是指高度不小于24m，高层居住建筑为九层以上（不含九层，其高度不小于28m，小于100m）。

（4）超高层建筑：是指高度不小于100m的建筑。

2. 按照房型分类

（1）单元式住宅：是指在多层、高层楼房中的一种住宅建筑形式，住户由楼梯平台直接进入各分户门，每个楼梯的控制面积也可以称为一个居住单元。

（2）公寓式住宅：一般建筑在大城市里，多数为高层楼房，住宅标准较高，每一层内有若干单户独用的套房，包括卧房、起居室、客厅、浴室、厕所、厨房、阳台等，有的附设于旅馆酒店之内，供一些流动人员中短期租用。

（3）错层式住宅：是指一套住宅室内地面不处于同一标高，一般把室内的厅与其他空间以不等高的形式错开，高度在不同的平面上，通过局部的楼梯连接不同高度空间。

（4）复式住宅：一般是指每户住宅在较高的楼层中增建一个夹层，两层合计的层高要大大低于跃层式住宅（复式住宅为3.3m，而一般跃层式为5.6m），其下层供起居用，如炊事、进餐、洗浴等，上层供休息睡眠和储藏用。

（5）跃层式住宅：是指一套住宅占有两个楼层，由内部楼梯联系上下楼层。跃层户型大多位于住宅的顶层，室外平台是许多跃层户型的特色之一。

（6）花园式住宅：一般称作西式洋房或小洋楼，也称花园别墅。大多数都是带有花园草坪和车库的独院式平房或二、三层小楼，建筑密度很低，内部居住功能完备，装修档次一般追求豪华，充分彰显居住者的身份特征。

（7）小户型住宅：目前对于小户型住宅的划定没有严格的界限，通常小户型每个功能空间面积比较小，空间安排得相对紧凑，功能齐全，能满足人们生活的基本需求。小户型住宅设计合理，比较受时下年轻人的喜欢，小户型空间通过设计手段也能表现出与众不同的个性空间。

3. 按照套型分类

住宅应按套型设计，每套住宅应设卧室、起居室（厅）、厨房和卫生间等基本空间。常见的套型有一居室、两居室、三居室等，普通住宅套型分为一至四类，其居住空间个数和使用面积不宜小于表9-1的规定。居住空间系指卧室、起居室（厅）的使用空间，图表中的使用面积均不包括阳台面积。

表9-1 常见住宅套型及其使用面积

套 型	居住空间数（个）	使用面积（m^2）
一类	2	34
二类	3	45
三类	3	56
四类	4	68

二、住宅空间设计要点

1. 空间有效的组织利用

现代居室空间是根据相互间的功能关系组合而成的，各功能空间相互渗透，空间布局以实用性和灵活性为分隔技巧。空间组织不再是以房间组合为主，空间的划分也不再局限于硬质墙体，而是更注重会客、餐饮、学习、睡眠等功能空间的逻辑关系，通过家具、吊顶、地面材料、陈列品甚至光线的变化来表达不同的功能空间的划分，同时又根据使用者不同的时间段的需求表现出空间的灵活性、兼容性和流动性（图9-1）。

2. 装饰材料选择与色彩的搭配

装饰材料选择不再局限于传统装修的材料，而是将选择范围扩大到自然环保材料、高科技元素、智能化的材料及产品，并且追求建立夸张材料之间的结构关系，将空调管道、结构构件都暴露出来，追求高度技术化的“原汁原味”的室内空间气氛。材料的色彩更是五彩缤纷，住宅的色彩强调的是原色之间的搭配、补色的对比、各种材料本身颜色的不同，更能创造出温暖舒适的住宅空间。

3. 个性空间设计

现代住宅重视个性和创造性的表现，不主张追求高档豪华，提倡空间多功能化，空间功能的转变是现代室内设计的重要特征。如现代住宅已经增加家庭视听中心、迷你酒吧、健身区、家庭电脑工作室等区域，这些个性化的功能空间完全可以按主人的个人喜好进行设计，从而表现出与众不同的使用效果。

4. 室内物品的设计

现代住宅在满足基本功能要求后，在智能、环保、节能等方面有了全新的设计理念，“轻装修，重装饰”已被众多的业主接受，家具、灯具和陈列品在渲染空间中的作用越来越大，无论多别具一格的装修空间都需要室内的家具、灯具、织物、工艺品的搭配才能展现出生活的舒适与情调，这些物品可以被认为是家居艺术品，在住宅设计中起到很大的搭配作用，装点我们的生活空间。

5. 设计的可实施性问题

设计的过程中会遇到设计效果很好但施工无法实现的矛盾问题，造成这种情况

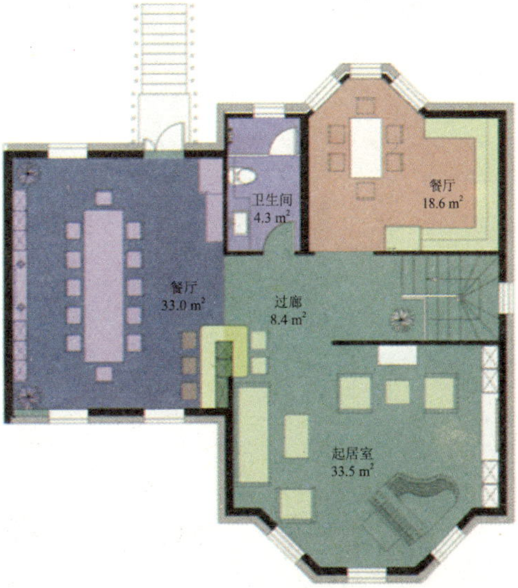

图9-1 某别墅二层平面功能分区设计

的原因则是多元化的，其中包括地域性的技术差别、材料的普及性差别及造价成本差异等，这需要我们对周边的市场有更加详尽的了解，对施工工艺有更好的掌握，对工程的整体操控和平衡成本有一定的概念，这样会使上诉所提及的问题得到相应的避免和减少。

6. 设计的前瞻性

新的住宅层出不穷带来新项目的竞争压力，很多住宅外观设计和户型格局等多个方面都已无法满足现阶段购房者对居住舒适性的需求。好的住宅户型与室内装饰风格等诸多要素不仅仅应该满足客户现时的居住需要，更应该充分考虑到若干年后的使用功能以及在市场上的地位和价值。

7. 隐蔽工程的设计与施工

家庭装修中的隐蔽工程是指敷设在装饰表面的内部工程。包括电、水、采暖及防潮、防水等项目的设计与安装。隐蔽工程完工后表面看不见、摸不着，但出了问题补救起来相当麻烦。住宅设计应该十分注意隐蔽工程部分的细致设计，虽说不属于装修空间造型部分，设计效果的好坏不够直观，但直接影响住宅的使用功能与舒适性能。例如床头柜、电视柜书桌处应设插座；门口、空调附近设开关；厨房应考虑微波炉、消毒柜的位置，并设计相应的插座位置；电器插座应避免靠近水盆、灶具等。

8. 信息时代的网路智能化住宅

智能化住宅是指运用现代计算机技术、自动控制技术、通信技术、多媒体技术和现代住宅建筑相结合，通过对机电设备的自动控制，对信息资源的管理，向用户提供信息及安全、舒适、便利的服务环境，适应当今信息技术高速发展需求。同时也满足人们对现代化的生活方式的精神追求。智能化、科技化的存在也对建筑设计及室内设计提出了新的挑战，空间的多功能化及智能系统技术问题等都在考验着众多的设计师。图9-2为上海易亨电子科

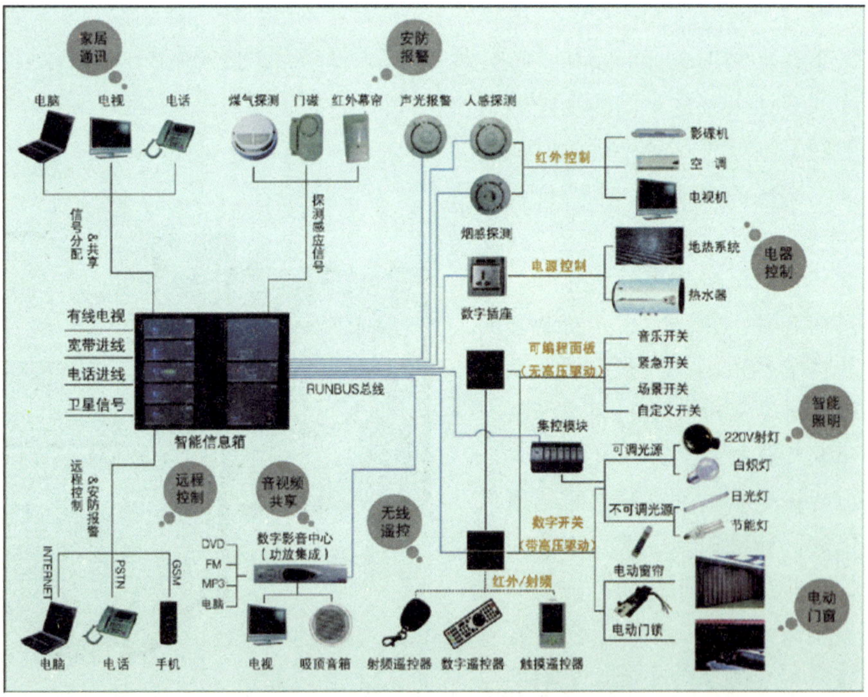

图9-2 上海易亨电子科技公司智能住宅系统原理图

技公司智能住宅系统原理图。

三、住宅空间设计发展趋势

（1）住宅设计趋向科技化、智能化、信息化。

（2）住宅设计走向精品化。

（3）住宅辅助设计走向专业化。

（4）住宅空间设计走向多样化。

（5）住宅生态环保设计走向系统化。

第二节 住宅各功能空间设计

一、玄关

玄关是指住宅室内与室外之间的过渡空间，也可以称过厅、门厅。此空间虽在住宅空间中的面积不大，但使用频率高，是进出住宅的必经之路。在房间装修中，玄关的特别处理会给人眼前一亮的感觉，是室内与室外空间过渡的处理重点，设计时要考虑如下要素：

（1）玄关以实用性和展示性为主。

（2）风格要与整体居室环境一致。

（3）玄关的造型设计以简洁、大方、概括为主，不要喧宾夺主。

（4）交通路线合理，避免特殊造型或刻意的渲染影响正常功能的使用。

（5）住宅空间格局紧凑时，没有足够空间，不要强行设置。

（6）注意采光，避免大件物体遮挡形成昏暗的玄关。

（7）合理设计玄关交通通道尺寸，避免通道狭窄，充分考虑搬运家具的通过尺寸。

（8）注意材质的选用，以耐磨、耐脏的材料为主。

（9）考虑玄关可视对讲、门铃的位置，玄关灯开关离入户门边距离不小于100mm。

二、起居室

起居室与客厅在某种程度上是指同一个空间，较大的户型中起居室主要是家人除“起居”生活以外使用的空间，客厅相对起居室来说，倾向会客功能，二者是供居住者会客、娱乐、团聚等活动的空间，是家庭居住空间中重要的部分。一般起居室所处的面积比较大，也是设计装修处理的难点。材料、造型、照明、家具、电器配置与选择都是在满足使用功能及审美艺术的基础上进行设计与施工的。图9-3、图9-4分别为东莞市某住宅平面、某住宅玄关及茶室效果图。起居室和客厅设计应该注意以下几个方面的要求。

1. 功能分区明确

起居室一般可划分为会客区、休息区、学习区等，在满足起居室多功能需要的同时，应注意整个起居室的协调统一。图9-5为某别墅三层平面功能分区设计。

2. 主体色调确定

起居室的色彩设计应采用一套色系作为主基调，色调搭配主要是通过地面、墙面和顶面来体现，家具色彩的调和作用起到关键作用，要充分考虑家具色调与装修色调的协调，注意搭配软装饰，起到融合与补充的作用。色彩设计时要考虑到起居室是家人聚集的空间，充分考虑到融洽、热情、团结的家庭氛围。

3. 灯光的功能

起居室的灯光有两个功能，即实用性和装饰性。不仅要满足基本的读书、娱乐、照明等基本功能，还要利用光照突出

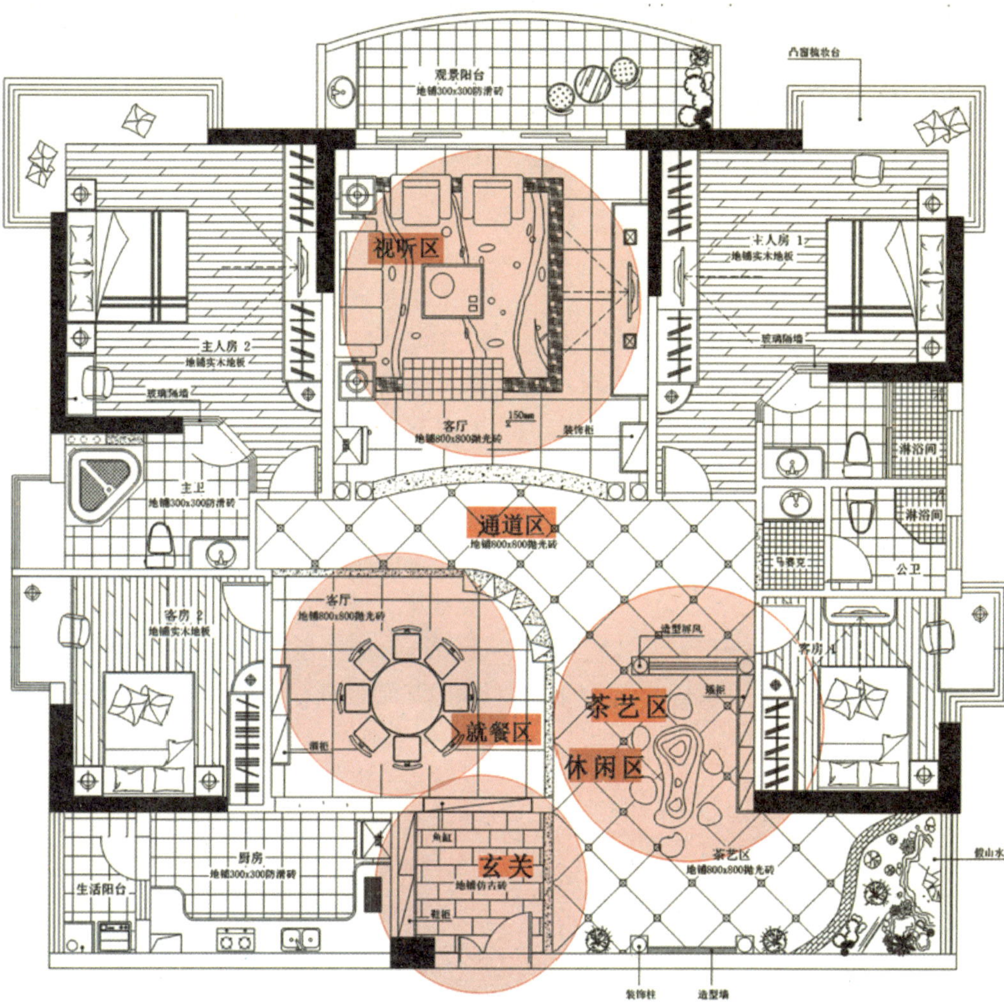

图9-3 东莞市某住宅平面图

（作者：陈志强）

图9-4 东莞市某住宅玄关及茶室效果图

（作者：陈志强）

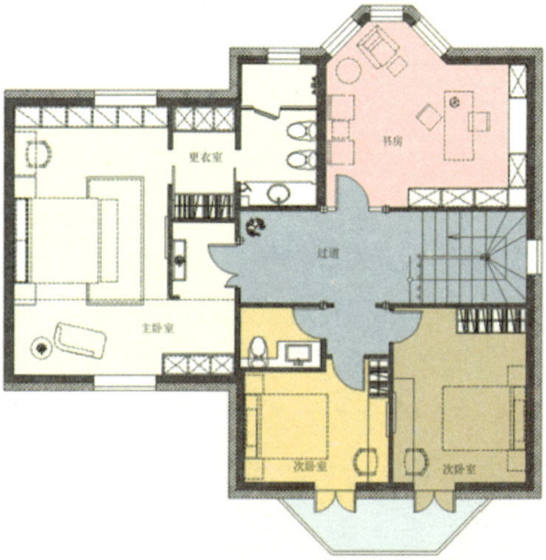

图9-5 某别墅三层平面功能分区设计

空间的层次感和明暗关系，利用光色创造环境气氛等。客厅的照明应采用一般照明、装饰照明和重点照明相结合的方式才能打造家庭相对最亮的空间。

4. 空间的尺度处理

起居室装修设计中，制造宽敞的感觉是在室内装修设计中的难点，不论大小空间利用色彩、材料等的特性都能产生扩大空间的感觉，如镜子、金属等材料能使空间扩大，沉重的色彩使空间尺度变小。吊顶的处理要保证空间的最大净高，避免复杂的吊顶造型给人的压抑感。住宅建筑规范中规定住宅层高不宜高于2.8m、卧室起居室净高不小于2.4m、其局部净高不小于2.1m（且其不应大于使用面积的1/3）；现代住宅中起居室基本都是采用明厅的结构，老式单元住宅的户型暗厅是常见的形式，如果是无直接采光的厅面积不应大于10m^2。总之，起居室尺寸不合理会造成功能空间的不合理的使用。

5. 风格的实用化

风格的选择适合起居室的本身特点。面积小的空间适合简约的现代主义为主的风格，空间高大的适合古典主义风格。现代装修流行个性设计，但不能过于夸张，更充分考虑家居的舒适性。图9-6为某别墅二层起居室设计效果图，图9-7为自然风格起居室，图9-8为简约风格起居室。

6. 合理设计交通路线

起居室通道的布局应是最为顺畅的，尽量避免斜插路线，与各个房间的连接合理。忌讳客厅的墙面都是门洞口的设计，无论是侧边通过式还是中间横穿式都应确保进入客厅或搬运家具的顺畅，一般要求

图9-6 某别墅二层起居室设计效果图
（作者：曹宇龙）

图9-7 自然风格起居室

图9-8 简约风格起居室

经卧室、起居室的过道为1000mm左右，经辅助房的过道一般为900mm左右。

7. 家具的选择

客厅使用的家具，应考虑家庭活动和家庭成员的适用性，放家具墙面长不易超过3m。家具排放要充分考虑老人和小孩的安全问题，避免大件家具和棱角分明的家具在客厅摆放。

8. 附属设施的布置

起居室空间应考虑插座、开关、散热器的高度及位置是否与家具布置的位置冲突，开关、插座、散热器避免与门的开启方向相矛盾。现代科技化的住宅起居室还应考虑音响线埋设、网线的接口的位置及多房间的无线网络的使用，客厅电话线与有线电视线、插座等设置时应考虑电视墙的位置。

三、卧室

（1）合理安排房间的朝向，最好能直接采光并自然通风，避免阳光直射室内，方位选择尽量不靠近西晒和山墙。

（2）卧室面积一般不宜过大，除必要的卧室家具外，有可利用的空间最好分隔出更衣室或墙式的整体衣柜，效果更好。

（3）卧室应注意安全性和私密性的要求，床头的布置最好不正对门的方向，也不要在床的对面设计梳妆镜或穿衣镜，避免光的反射。

（4）注意家具的舒适度，避免坚硬和冰冷的材质大面积使用，尽量使用色彩柔和、亲切淡雅的材质装饰。

（5）灯光以暖色为主，让人产生朦胧的睡意，灯光不能过亮，床头上方可嵌筒灯或壁灯，也可安放台灯、夜灯，方便使用同时又能渲染浪漫舒适的温馨环境。图9-9为个性卧室。

（6）卧室门通常宽度为0.9m，门洞口高为2.0m ，阁楼或坡顶的室内空间，净高低于1.2m处不计使用面积；净高在1.2~2.1m按照一半使用面积计算；高于2.1m按全部面积计算使用。

（7）卧室面积的合理处理会给使用者带来轻松的心境和欢愉的心情。设计者应根据不同的功能设计尺寸，单人卧室不小于6m^2；双人卧室不小于10m^2；兼起居

图9-9 个性卧室

图9-10 某别墅三层坡顶卧室效果图
（作者：曹宇龙）

室的卧室不小于12m²。图9-10为某别墅三层坡顶卧室效果图。

（8）卧室除考虑以上因素以外还应根据使用者的年龄不同，有针对性的设计。按照年龄段可分为儿童卧室、中年卧室、老年人卧室；按使用者的地位可分为主卧室和次卧室。次卧室一般用做儿童房、青年房、老人房或客房；不同的居住者对卧室的使用功能有着不同的设计要求，设计时，要充分考虑到不同年龄段使用者的个性特征，以人为本。

1）儿童卧室，设计首先要考虑儿童学习、娱乐、休息的功能，可分游乐区域和学习区域。室内应设计玩具架、展示墙、画板、组合式家具、卡通造型家具等体现儿童天性的家具；其次要注意色彩和材料的搭配等问题，儿童房内的用料与设备必须持久耐用，色彩以儿童的性别、年龄及爱好而定，花纹图案设计要满足儿童的天真个性为主。图9-11为女孩房设计效果图。

2）中年卧室，一般指住宅的主人卧室，主卧布置的原则是最大限度地提高舒适性和私密性，所以主卧的布置和材质最突出的特点是清爽、隔音、软、柔。满足睡眠、更衣、看书、视听的需要。还要考虑造型环境与主人个性的结合。灯光配置除顶灯外，地灯、床头灯也可在考虑范围之内，灯光颜色应以柔和的光线为宜。

3）老年人卧室，因老年人行动不便，设计应以简洁实用为主，并设有储物功能，家具尺度合理，避免使用低矮的家具，床两侧尽可能要宽敞一些，保证通道

图9-11 女孩房设计效果图
（作者：李燕）

顺畅。光线一定要以柔和为主，卫生间距离不要太远，可以设计感应夜灯。地面应铺设木地板或地毯，色调以中性色为主，并注意室内的保暖与通风。图9-12为简约卧室设计。

图9-12 简约卧室设计

四、书房

（1）改变传统书房设计的理念，书香雅静的空间要融合现代科技手段使空间多功能化，家庭SOHO一族的出现，正在更新书房的使用价值，传统的书房桌、椅、案、画、雕等元素都进行着转变，如今计算机、旋转椅、书柜、休闲小沙发等是书房空间必备常用的家具。图9-13为某别墅三层书房设计。

（2）书房应设电话线、网线。网线接口建议设在书房，接口位置应结合写字台及插座位置，以相近原则布置。

（3）书房以宁静儒雅为主，避免干扰，最好有独立的空间。居室面积够大的话，空间位置上可设计角落空间或与卧室结合。

（4）房间里要有良好的照明设施。光亮度要适当，太亮太暗或是反光都会影响视力。要设有台灯或落地灯，便于阅读和查找书籍。长臂台灯特别适合书房照明，但注意台灯照射光线要均匀，不宜离人太近，以免刺眼。

（5）色彩以清凉淡雅的冷色调为主，可以使用淡绿色、米白色、浅蓝色调的色彩较为适宜，不容易产生疲惫的感觉。

（6）风格设计多样化，中式古典主义风格、欧式新古典主义、田园风格、乡村浪漫、简约风格都适应不同的个性人群。

五、厨房

厨房是供居住者进行炊事活动的空间，要以安全、实用、卫生、高效为根本设计原则。布局形式以满足基本的存储、洗涤、备餐、烹饪等基本功能需要，根据不同户型布局可以分为一字形、L形、U形、双面形、变化形、岛形等。根据空间围合的形式可以分为开敞式、半开敞式、封闭式等。不管哪种形式的布局，设计厨房时，需考虑如下因素。

图9-13 某别墅三层书房设计

1. 布局合理

储存、洗涤、烹饪工作环节形成一个三角形工作空间，也称设计三角，三边的距离不能太远，一般三边之和在4.6~6.7m为舒适尺度，过长过短都会增加工作强度。对工作三角形的巧妙设计与运用，将会使你的厨房更臻完美。 炉具、抽油烟机、热水器、水池、冰箱等设备的布置，要有利于使用、清洁、维修及安全。水池与炉具之间最好留有备餐区域，距离为1.2~1.8m，住宅厨房的操作面净长度应不小于2.1 m， 同时还要留有足够的活动空间、灵活的操作空间、丰富的存储空间才能保证厨房的充分利用。厨房净宽单面布局通道不应小于1.5m；双面布局形式通道净间距不应小于0.9m。图9-14为住宅厨房与客厅，图9-15为弹性分隔的整体厨房。

2. 风格的设计

厨房与其他空间设计要连贯并呼应，也可采用混合风格设计，从色彩、材质、造型、配饰等要素上区分其他空间。墙、顶、地、橱柜等物件装饰搭配等都要细心考虑，但不能采用过于复杂的风格和装饰造型，不便于清洁。图9-16为某别墅厨房效果图。

3. 照明与通风

厨房的灯光适合采用荧光灯，并能增加色彩的纯度，餐厅位置以色彩柔和的白炽灯为常用，这种灯光的颜色能引起食欲。工作台面及吊柜下面可安装日光灯，同时要避免灯光产生阴影，所以射灯不适宜使用。格栅反光灯盘、吸顶灯等照明灯具能增加厨房温暖的感觉，并且拆卸清洗方便 。厨房通风设备有排风扇、排烟罩等，但要充分考虑其安装尺寸。

4. 整体厨房

整体厨房的出现，使厨房装修更简单化。一般由厂家上门负责测量并设计方案，以延米为单位计算尺寸及价格，同时增加了多种功能，利用滑道、吊筐、置物栏、厨房不锈钢挂件等连接即节省空间又提高工作效率。厨房的橱柜分为低柜（其顶面即为操作面，低柜系指柜体台板和底座的总称）、吊柜（悬吊在上部空间的储柜）、高柜（置于地面其顶面接近吊柜顶面标高的储柜也称地柜）。厨房燃气灶台的高度以距地面700~800mm为宜；排烟罩尺寸最好与炉具的大小对应，底端到炉具的垂直距离为600~800mm，推荐尺寸为760mm；厨房的地柜最好不直接着地，距离地面100mm高度，避免潮湿，满足人

图9-14 住宅厨房与客厅

图9-15 弹性分隔的整体厨房

图9-16 某别墅厨房效果图
（作者：郭瑞）

站立时足部的活动空间；当然这些只是常规做法的参考尺寸，还应该根据人体工程学的要求依据主人身材设计，以便减轻操作者劳动强度。整体橱柜常用各种合成板材裁割，增加整套橱柜的整体观感及使用功能，常用的橱柜面板有清玻璃、磨砂玻璃、铝板、烤漆板、水晶板、UV板等，这些板材可增添设计的时代感和整体感。目前市场上比较有名的整体橱柜品牌有欧派橱柜、海尔橱柜、金牌橱柜、方太橱柜、百V橱柜、柏辉橱柜（图9-17）等。

5. 厨房的设备

厨房设备是指商品化供应的机具，该机具需与房屋土建设备管线相连接，与厨房家具相组合，如电冰箱、燃气灶、烤箱、洗涤池、洗碗机、排烟器等的总称。洗涤盆可根据台面的尺寸选单面盆或双面盆，材质有不锈钢盆、瓷盆、压克力盆等，厨房水龙头的高度最小尺度应高于台面上方150 mm，现在市场上流行高杆水龙头，与现代风格橱柜配套使用更体现出简约时尚的家居生活理念。图9-18为现代化厨房设备，图9-19为厨房单面盆、双面盆尺寸，图9-20为个性化厨房的设计。

6. 材料的选择

厨房的装饰材料应选择色彩素雅，表面光洁，并具有防水、防磨、防滑、方便清洁的材料。地面宜用陶瓷砖、玻化砖等；顶面、墙面宜选用防火、抗热、易于清洗的材料，如釉面瓷砖墙面、铝扣板吊顶等；操作台面的材料应不漏水、渗水率低并且满足防火要求。目前，厨房台面大都在使用人造石材，花色种类繁多，施工

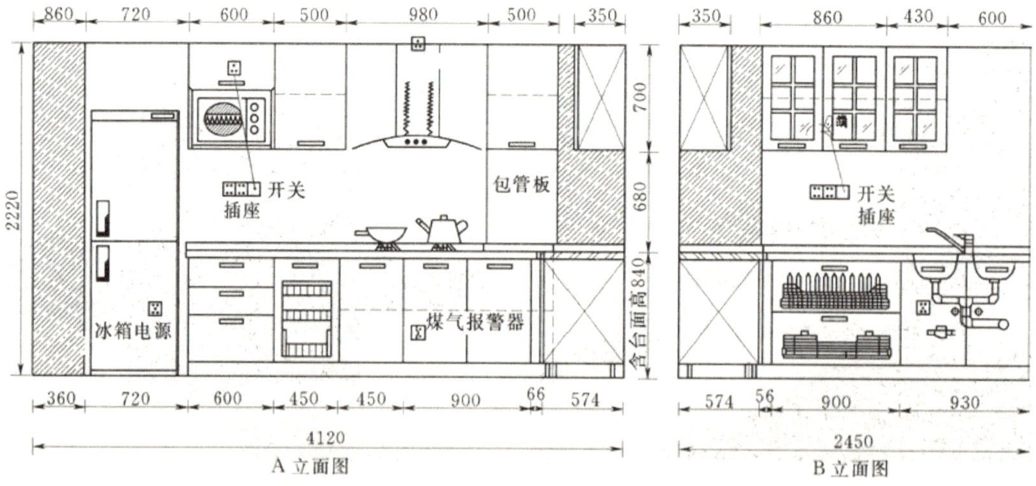

图9-17 柏辉橱柜立面图

图9-18 现代化厨房设备

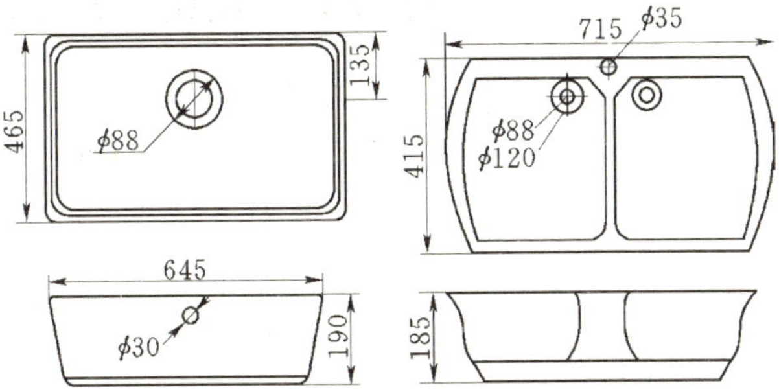

图9-19 厨房单面盆、双面盆尺寸

图9-20 个性化厨房的设计

方便，阻燃性能好。橱柜内部设计的用料必须易于清理，最好选用不易污染，容易清洗、防湿、防热而又耐用的材料，如防火双面板等材料，即美观又实用。

7. 厨房的餐厅

厨房面积若够大，餐厅与厨房可合二为一，常放置小型或折叠餐桌。如果居室面积充足，可距离厨房附近设计餐厅，方便食物的端取，增加空间的连续性。可设计酒柜，活动的推拉车等家具，方便人们进餐（图9-21）。餐桌上的照明以可调节吊灯为佳， 墙面的色彩应以明朗轻快的色调为主，餐桌的款式选择根据业主喜好确定，但要与整体风格协调（图9-22）。图9-24为色彩艳丽的餐厅组合。

8. 管线布置

厨房设备管线布置要注重技巧性和安全性能，除冰箱、电饭锅、燃气炉、抽油烟机这些基本的设备外，还有消毒碗柜、微波炉、榨汁机等食物加工设备，插头分布一定要合理而充足，要多预留插孔，且需安装漏电保护装置，还要充分考虑这些设备的安装、 维修及使用的安全性。除此之外，严禁移动煤气表、电表、上下水管道等，一定要处理好厨房暗设管道及电线的位置走向，同时应考虑抄表方便等隐蔽工程项目。图9-23为柏辉橱柜电源管线施工图，图9-24为色彩艳丽的餐厅组合。

图9-21 某别墅厨房与餐厅设计效果图

图9-22 餐厅设计图

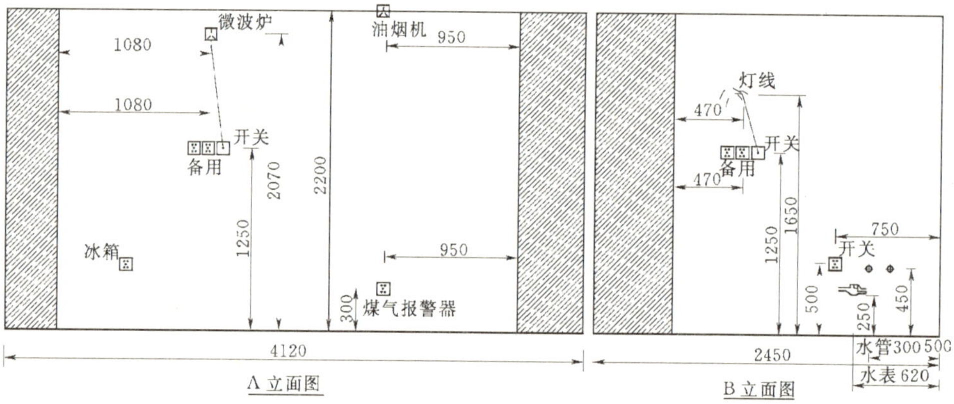

图9-23 柏辉橱柜电源管线施工图

图9-24 色彩艳丽的餐厅组合

六、卫生间

供居住者进行便溺、洗浴、盥洗等活动的空间称卫生间。卫生间设计以舒适、方便为主，重点是洁具的布置合理性及空间材料的搭配。

（1）住宅卫生间、厕所设计的相关规定：外开门的卫生间面积不小于1.8m^2，内开门的卫生间面积不小于2m^2；外开门的厕所不小于1.1m^2，内开门的厕所不小于1.3m^2；卫生间内布置洗衣机时，应增加相应的面积，并设给排水设施及单相三孔插座；无条件开通风窗口的卫生间，必须设置通风道，并组织好进风的排气；每套住宅应设卫生间，三房一厅及多户型住宅宜设两个以上卫生间，每套住宅至少应配置三件卫生洁具，三件卫生洁具共设的卫生间面积应不小于3m^2。

（2）卫生间功能分为盥洗、淋浴、厕所三种功能，设计时根据使用要求综合处理。如淋浴与厕所区域可以使用整体浴房或软隔断分开，保证卫生间的干湿分区。图9-25为洗面盆，图9-26为玻璃隔断间隔卫生间。

（3）卫生间的装饰设计不应影响卫生间的采光、通风效果，电线和电器设备的选用和设置应符合电器安全规定。布线合理，电源应有防水装置，热水器容量合理，冷热水管走向合理，与其他空间连接顺畅，安全第一。

（4）卫生洁具的选用应与整体布置协调，材料不要盲目追求豪华，因而影响卫生间的空间安排。地面常使用小块的地砖，要注意防水、防滑。墙面应采用光亮的瓷砖、顶棚宜用PVC塑料板材或铝塑板、玻璃等防水材料装饰起到防潮、遮掩的作用。

（5）卫生间的色彩常选择具有清洁效果的同类色彩的搭配，低彩度、高明度的材料色彩比较容易组合。图9-27为卫生间设计。

（6）卫生间的地面应做防水处理，地面与墙面一体做，墙面最好做到300mm左右高度，常使用聚氨酯涂料，地面做淌水坡，应向排水口倾斜。卫生间的楼地面标高应略低于走道标高，并应有不小于0.5%的坡度坡向地漏或地沟。

图9-25 洗面盆

图9-26 玻璃隔断间隔卫生间

图9-27 卫生间设计

（7）洁具设施距离墙及洁具尺寸（表9-2）：

1）蹲便器：中心距离墙有竖管不小于450mm、无竖管不小于400mm、中心距侧面器具不小于350mm，后面距墙不小于200mm、前边距墙、距器具不小于400mm。

2）坐便器：中心距离墙有竖管不小于450mm、无竖管不小于400mm、中心距侧面器具不小于350mm，前边距墙不小于550mm、距器具不小于500mm。

3）淋浴器：喷头中心距离不小于450mm、喷头中心与器具水平距离大于或等于350mm，淋浴器的高度在2050~2100mm之间。

4）浴盆：人体进出面一边距离不小于600mm，并设存储浴品用的隔架。

5）洗面器：中心距侧墙不小于450mm，侧边距一般器具不小于100mm、与浴盆可重叠50mm、前边距离、距器具不小于600mm。盥洗盆高度（上沿口）在750~850mm之间为宜，可以设置120mm左右高的挡水板，镜子的位置不能过高，壁镜底部不得低于900mm。

七、储物间

现代人的住房面积虽然不断增加，但家庭中的杂物还是没有地方收放，增大储物空间的收纳作用被人们越来越重视。家庭中利用局部空间做储藏室或独立的住宅储物室被广泛使用，一般用于储藏日用品、衣物、棉被、箱子、杂物等物品。储藏室合理的面积为1.5~2m^2，为了增加储藏量，储藏室一般设计成U形或L形柜。储物空间设计原则是要精简物品，家具设置适宜，存放物品选择就近原则，便于日常取用。家庭居室中储藏空间可以分布到各空间的角落中，灵活布置，设计时要注意以下几个方面的因素：

（1）卧室可作嵌入式衣柜，增加衣柜的隔板层数，根据衣物的大小设计隔板间距，保证衣柜内部空间有效利用。

（2）有条件的住宅可单独设计衣帽间，衣帽间内的家具除了一些基本柜子，还可引入一些旋转衣架、领带架以及下挂式挂杆、内置倾斜式鞋架等，旋转衣架是传统衣柜的2~3倍。为节省空间，衣帽间的大门设计为推拉门或者不做饰面门，同时还要合理安排灯光、通风、色调等元素，可以把门设计成百叶格状，这样既保持空气通透，又节省空间。墙面要保持干净，不至于弄脏衣物，地面可铺地板或地毯，保持储藏空间的干净，且不易起尘。不管如何设计，最终为了使衣帽间既能融入室内整体风格，又保持自己独特的情调。图9-28为衣帽间空间设计。

（3）家具可以设置成折叠式或者组合式。阳台可以做升降式晾衣架，也可以依照阳台的尺寸安装储物柜，放置一些装饰器物。

表9-2 洁具的种类与规格

种类	规格			
坐便器	型　　号	AB-1102BM/BL	型　　号	AB-1209MD/LD/HD
	外观尺寸	740mm×425mm×670mm	外观尺寸	700mm×395mm×785mm
	座厕高度	380mm	座厕高度	385mm
	座厕类型	加长型	座厕类型	普通型
	冲水系统	喷射虹吸式	冲水系统	喷射虹吸式 / 冲落式
	坑　　距	300mm、400mm	坑　　距	300mm、400mm、175mm
	材　　料	自洁釉面、瓷质陶瓷、优质水件、PP 加长盖板	材　　料	自洁釉面、瓷质陶瓷、优质水件、PP 盖板
	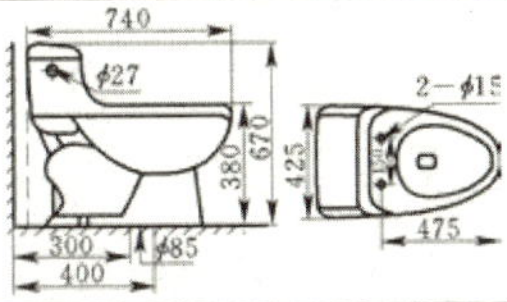		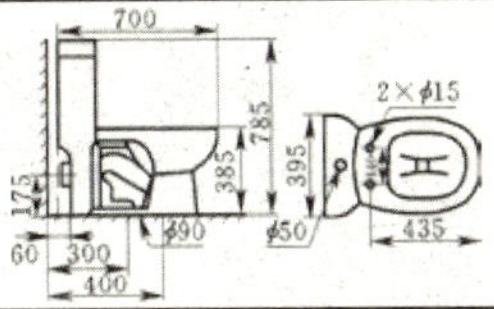	

蹲便器

■瓷质陶瓷宽大入地式脚踏板
■ 内设地水S弯管直冲式冲水
■ 系统去水位置可调
■ 预制防滑脚踏
■ 排污弯管全内壁施釉易清洗内地
■ 配有冲水阀进口橡胶接口

型　　号	ALD-5028/C/H
外观尺寸	502B：585mm×435mm×305mm
	502C：585mm×435mm×185mm
	502H：585mm×435mm×290mm
包括产品	胶塞
材　　料	自洁釉面、瓷质陶瓷

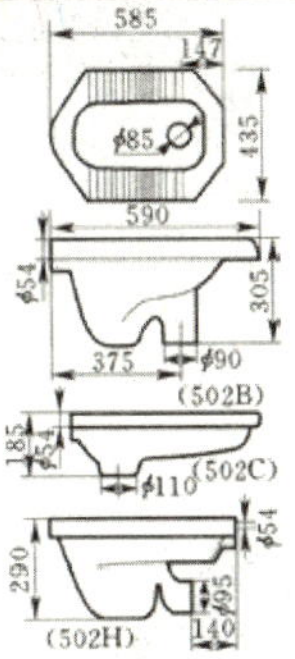

浴盆

型　　号	AC-210　　喷嘴：8 个	型　　号	A-1700SQ
外观尺寸	1530m×1530m×680m 龙头：缸边式	外观尺寸	1700mm×870（700）mm×600mm
排水容量	270L	排水容量	175L
重　　量	71kg	重　　量	56kg
材　　料	复合板材	材　　料	高亮度压克力
安装方式	嵌入式 / 角位嵌入式	安装方式	嵌入式/角位嵌入式
所需的电源线路	带漏电保护的空气开关，漏电电流 30mA，过渡脱扣电流 10A	龙　　头	挂墙式
水泵功率	1区		

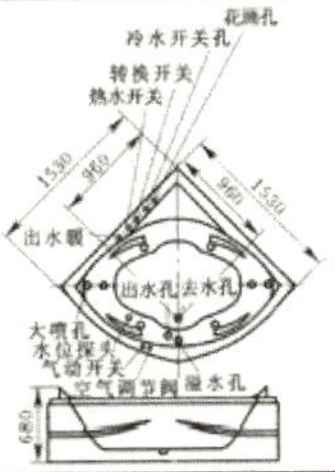

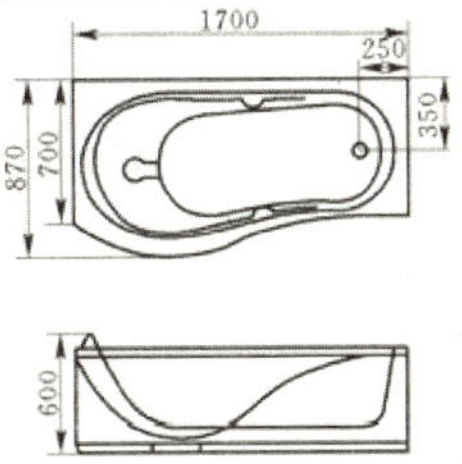

洗面器

■ 瓷质陶瓷
■ 不上釉盆边
■ 台下安装
■ 后溢水孔，盆沿修边设计
■ 自洁釉面使污垢无法聚积
建议配箭牌A1262C龙头

型　　号	AP-448	可提供产品	406A：550mm×425mm×205mm
外观尺寸	470mm×470mm×195mm		418：495mm×440mm×205mm
脸盆内径	435mm×380mm		449：485mm×415mm×205mm
材　　料	自洁釉面、瓷质陶瓷		
安装方式	台下式		

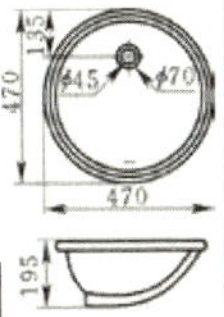

图9-28 衣帽间空间设计

（4）开架形储藏是最为简便的储藏形式之一，便于迅速找到常用物品（图9-29）。缺点在于物品暴露在外，容易积尘。储藏的物品种类将是决定储藏分隔的关键，如储藏衣物应根据衣物尺寸而设计。开架隔板的高度如书柜的分隔根据常用书籍的高度设计，一般为上下隔板距离不小于400mm。隔板开架的高度设计依据储藏物品的大小及人体工程学设计，不经常使用的大件物品摆放在上部，经常移动的摆放到使用者伸手可及的地方，大体积、大重量的物品集中放在储藏室。图9-30为隐蔽式储物设计，图9-31为楼梯底部储物设计。

图9-29 衣柜开架式储物设计

图9-30 隐蔽式储物设计

图9-31 楼梯底部储物设计

本章教学引导

【教学目标】

使学生了解现代居室空间的基本使用功能，掌握室内居住空间的功能特性及住宅空间设计的原则。重点学习针对不同功能空间的不同装饰手法，掌握材料的功能性及装饰性，并能在设计创意中灵活运用色彩和材料等元素进行搭配。重点是通过住宅常见户型的设计方案设计及绘图项目训练对学生设计的综合应用能力进行培养。

【教学要求】

本章要求学生全面掌握居室空间的空间特性和使用特点，以居室设计工作过程为导向，采用设计任务驱动教学方法重点介绍了居室设计的设计流程、空间功能、材料选择、色彩搭配以及设计实施的可行性分析，达到项目任务的化解，提升完成任务的能力。本章第一节阐述了住宅空间设计原则；第二节阐述了住宅各功能空间设计。本章运用行动导向教学方法来提高学生的学习热情，以装饰公司已竣工的案例进行评估与借鉴，模拟家装公司接单设计 一条龙 服务模式进行情境训练。

【职业能力目标】

知识要点（专业能力）	方法能力	社会能力
住宅设计原则	讲授法	丰富的理论基础
住宅各功能空间设计	结合实践分析与创作能力	本职工作基本素质的体现

【案例导入、问题导入】

（1）以居室各个空间使用合理性为基本原则，设计室内空间的功能分区、交通通道、拆砌墙体等平面划分问题，并在此基础之上确定和设计出适合业主要求的立面造型，通过对各个六面体空间的整体协调设计出整套居室空间的方案及图纸表现。

（2）通过模拟实例为基础范本进行模拟北方地区某小区单元住宅户型设计，包括平面如何布局？风格如何定位？天花造型与平面布局的关系？材料如何搭配？

【知识链接】

了解家装公司住宅设计的整个设计流程规范，并对目前日益变革的现代生活方式和生活需求进行细致思考，对社会各个阶层的生活方式及需求进行分析，对家庭装修行业流行趋势及时考察，从而达到对住宅空间设计的各种需求做出全面的诠释。

【项目任务书】

项目一：提供某别墅的平面图及相关信息，根据项目任务书进行有目的的设计训练，并绘制平面图、立面图和手绘效果图。

项目二：选择某两室一厅的老户型与两室一厅高层的新户型住宅进行对比设计训练，掌握不同格局设计的侧重点，并绘制相关图纸。

【课外阅读、参考材料】

1.新居室期刊　瑞丽.家期刊

2.《住宅设计规范》

（GB 50096　1999）2003年版

3.《健康住宅建设技术要点》

【练习题】

1. 住宅空间设计涵盖多少空间功能？各自的特点是什么？

2. 住宅空间的设计重点和基本目的是什么？

3. 住宅空间材料选择的独特性和实用性要求是什么？

4. 住宅空间所涉及的设计及装修后期所涉及的辅助内容包括哪些？

【项目实施要求】

掌握居室设计的基本功能要求，注意空间、材料、色彩与造型的协调，注意整体设计风格的诠释，注意绘图的规范性及图纸装订的顺序及设计说明的编写。

【项目实施与评估】

1. 采用多媒体图像教学，对国内外知名作品深刻的分析讲解，帮助学生直观准确的把握设计创意及设计方法技巧。

2. 住宅空间设计这一章有别于其他章节，其本身就能形成一门系统的课程，在这里作为室内设计原理课程中的一部分，方案设计时应结合前几单元的知识点，综合的进行设计与表现。

【项目规范及制作方式】

两个项目课题训练的实施均采用电脑软件绘制施工图，要求统一图纸比例、图框、图纸排列顺序等，其中效果图采用手绘快速表现方式，并使用彩色铅笔与马克笔等多种颜料，多角度表现不同空间的设计效果，并要求效果图中出现的造型与施工图中尺寸和材料保持一致。

【本章作业小结】

住宅设计在室内设计的色彩、照明、家具陈设等相关知识的基础上，主要研究住宅空间设计的方法、原则及培养学生分析设计方案的能力，是室内设计专业课程中综合能力体系较强的一部分。根据高职高专的培养应用型技能人才的要求，本章课程内容设置依据实际工程为切入点，理论知识点围绕具体工程项目展开，学生结合实践工程练习的机会增多，从而达到良好的教学效果。

第十章 办公空间设计

第一节 办公空间设计概述

一、办公空间设计的目的与要求

1. 办公空间设计要求

（1）充分考虑平面空间布局的合理性及设备、家具、交通通道的尺寸，以功能需求布置室内物品，保证最大限度的满足办公场所工作人员的要求。

（2）空间布局以部门之间的工作业务联系为主，相关部门就近布局，便于业务协调，减少不必要的交通路线，同时要避免斜插路线。

（3）根据办公楼等级标准的要求设计办公内部空间，各功能空间的尺寸及相关要求严格依据办公建筑规范设计。

（4）保持室内良好的通风、采光、温度、湿度等，考虑人们的心理感受，合理布置空调、计算机、电器等设备，采取有效的措施减少辐射及有害气体对人体的伤害。

（5）办公空间设计考虑智能化系统设计的要求，需要具有高度舒适的工作环境；高效率的办公自动化系统；先进的计算机网络和远距离通讯网络等技术，适应时代发展的需要。

2. 办公空间设计的目标

办公空间设计需要考虑多方面的知识，涉及科学、技术、人文、艺术等诸多因素。办公空间室内设计的最大目标就是要为工作人员创造一个舒适、方便、卫生、安全、高效的工作环境，提高员工的工作效率，可以说办公空间设计所要达到的最终目的是：“高效工作、轻松生活”。

二、办公空间设计观念的转变

在设计生活日趋平民化的今天，你会发现以往印象中灰色调大开间的办公空间发生了巨大变化，这些公司开始越来越多的重视企业内部空间设计和装修，空间分隔、材料使用、灯光效果、色彩运用及家具选择方面都越来越讲究。如今，很多公司还在办公楼内设置了大面积的休息空间、茶水间和景观花园，甚至医务室、按摩间和健身房也跻身其中，办公场所的舒适性在不断提高，设计也越来越人性化。

每个办公空间的设计都需要量身定做，没有一家公司会喜欢拿来就能用的方案，他们都希望得到一个量身定做的方案。设计公司的名气、创作水平、满意服务、设计经验、规范管理都是客户需要考虑的。设计师在开始动手前，必须要了解公司的业务流程，照顾全局、细致处理，这样才能设计出有利于提高工作效率的、舒适别致的办公环境。

办公空间实际上是集功能性为一体，并传递一种生活体验，让使用者在每天忙碌的现实世界中体会到由建筑环境带来的悠闲心境的场所。“快餐式”设计的办公空间满足不了员工的心理需求。一个好的设计师，要为客户带来完美和谐的设计概念，既要体现公司运营的需要，又在统一完整的主题下富于变化，为员工提高工作效率创造最便捷、舒适的环境。

无论是国企、机关事业单位，还

是国际跨国公司、IT高科技企业、传媒广告公司等，对办公空间的需求都不完全相同，自然设计思路、风格也完全不同。但有一点是相同的，现在客户要求的不再是单纯的设计或简单的模板式的设计方案。他们更需要为客户着想。现代设计周期短、报价低、设计质量高等因素综合起来才是最佳的方案，就像买东西一样，性价比高的商品永远不愁销量，综合水平最好方案肯定受客户青睐。任何设计，一旦把让客户满意作为评判设计方案优劣的标准，那么，满足设计时间短、报价合理、设计优秀的方案也将是最好的方案，也是最容易中标和最易实现的方案。

三、办公空间的设计趋势

1．强调办公自动化、智能化

随着互联网的普及和现代化办公系统的出现，智能型设计、节能型设计已成为当今办公设计发展的趋势，传统设计已经不适合高效率的需要，办公自动化的设备接入，布线系统与装修设计紧密结合，已经成为办公室装修重点要解决的问题。

2．办公室设计家居化

办公室设计越来越注重细节设计，把办公室里所有的空间都利用上，如在墙壁上加隔板放物件，利用楼梯空间装资料，贴着壁纸的墙面被挂画装点得花花绿绿，办公室设计越来越琐碎。公司也越来越重视员工的需求，通过不断地调整细节让使用者感到方便和舒适，这是一种办公室文化的进步。

3．办公室设计流行小型化、灵活化、分散化

高科技手段的应用已经能满足办公室内对通讯、网络服务，对办公地点的限制趋向灵活化，有些人开始在家SOHO办公，促进了办公室内空间的灵活组合，办公家具、沙发、隔板、桌子可根据空间的需要随意变化。在满足功能变化的同时持续空间的新鲜感。小型化、分散化、灵活化成为办公空间设计的新趋势。

4．办公空间总体的设计趋势

如今，在经济竞争日趋激烈的形式下，尤其世界金融危机的影响，办公空间的发展趋势强调功能更合理、经济更适用、动线更流畅、使用和维护更方便、更安全环保。

四、办公空间设计的规范要求

（1）普通办公室适合设计成单间式和大空间式，特殊需要可设计成单元式或公寓式，机要部门办公室应相对集中，与其他部门宜适当分隔。

（2）办公空间室内净高不得低于2.60m；安装空调的最底边缘可不低于2.40m；走道净高不得低于2.10m；储藏间净高不得低于2.00m。表10-1为走道的宽度要求。

（3）普通办公室每人使用面积不应小于3m^2，单间办公室净面积不宜小于10m^2。

（4）设计绘图室，每人使用面积不应小于5m^2。研究工作室，每人使用面积不

表10-1　走道的宽度要求

项目	单面布房	双面布房	备　注
走道净宽(m)≤40	1.30	1.40	内筒结构的回廊式走道净宽最小值同单面布房走道
走道长度(m)＞40	1.50	1.80	

应小于4m²。

（5）中、小会议室可分散布置。小会议室使用面积宜为30m²左右，中会议室使用面积宜为60m²左右；中、小会议室每人使用面积：有会议桌的不应小于1.80m²，无会议桌的不应小于0.80m²。

（6）厕所距离最远的工作点不应大于50m。

（7）卫生洁具数量应符合下列规定：

1）男厕所每 40人设大便器一具，每30人设小便器一具(小便槽按每0.60m长度相当一具小便器计算)。

2）女厕所每 20人设大便器一具。

3）洗手盆每 40人设一具。

（8）办公室的照明宜采用荧光灯，门厅、接待室、陈列室等房间也可根据建筑装修的需要安装饰灯。

（9）办公室每个标准开间内设置2~3个插座，插座回路宜与照明回路分开。

第二节 办公空间内部规划与案例分析

一、办公空间的平面空间组织规划要点

（1）平面空间的实用效率的利用，一般来说方形或长方形的空间利用率高。

（2）空间的封闭与开敞设计时应考虑个人隐私的互动与开放。

（3）空间的有效利用，以人工作时行走方便路线规划为前提。

（4）根据功能特点与要求来划分空间，充分考虑到使用功能的不同。

图10-1为行政办公性质的办公空间。空间布局根据办公楼本身的使用特点设计布局，利用回廊式走道作为主要交通通道，由电梯、消防、卫生间等设施构成的核心筒。这种布局的优点是建筑的公共空间和使用空间分隔明确，有利于疏通；各空间连接方便，私密性较强，属于单间式办公室。其缺点是公共空间部分较小，空间交流性差，空间转化过渡平缓，布局平淡，这适合于行政类办公空间的布局。

二、现代办公家具的分类及规格

（一）分类

1. 按照功能分类

按照功能分类可分为办公台、会议台、办公屏风、办公椅、文件柜、沙发、茶几等附属家具。

2. 按照材料分类

按照材料分类主要可分为板式办公家具、钢制办公家具、软体办公家具等。现代办公家具多是板式家具，表面使用实木单板贴面，覆贴在中密度纤维板或其他板材的基础上制作形成。

（二）常用的办公家具的规格

1. 办公椅

按不同的性质角度分老板椅、职员椅、剧院椅、机场椅、培训椅、电脑椅、排椅、高脚椅、沙发椅、休闲椅等，不同材质和功能的椅子五花八门，设计使用时要充分考虑人体工程学的尺寸要求，满足人们舒适的使用（图10-2、图10-3）。

2. 沙发

办公沙发按使用区域可以分为接待沙发、行政沙发、休闲沙发等，这些沙发一般是根据组合的个数进行命名的，常用的有1+2+3式沙发（图10-4）、1+3+1式沙发（图10-5）、1+1接待沙发式、自由组合式（图10-6）等。

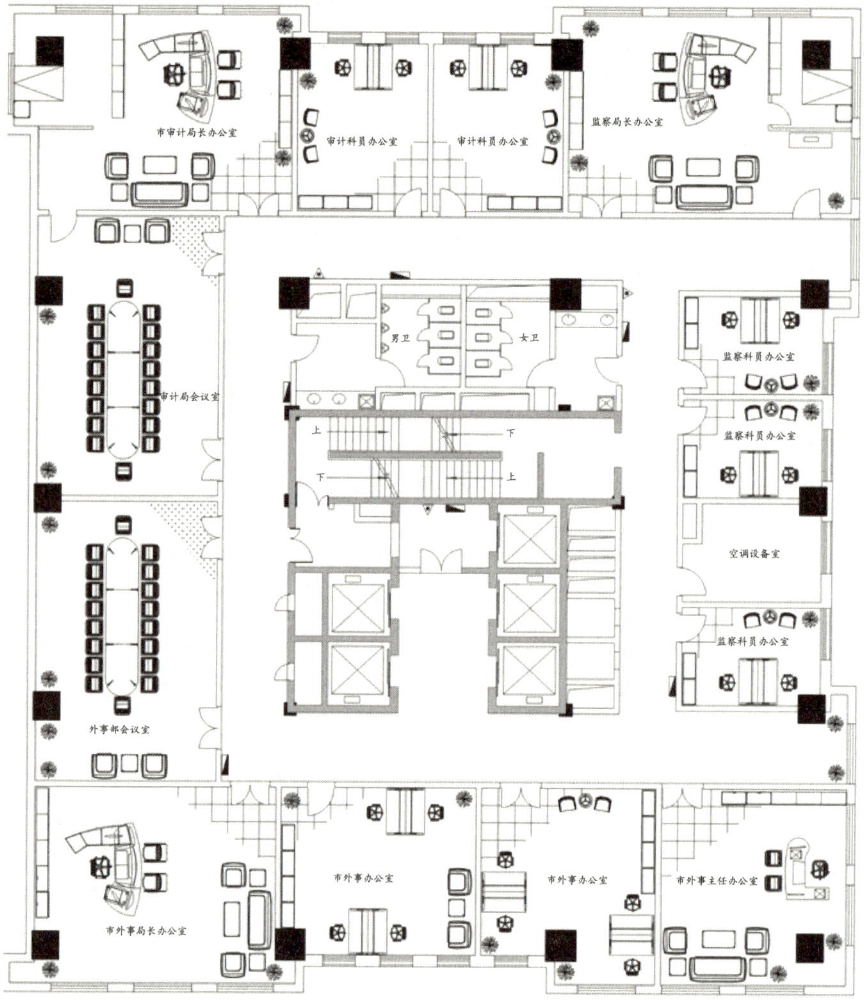

图10-1 某行政楼办公空间平面图

图10-2 职业椅、老板椅的尺寸示意图

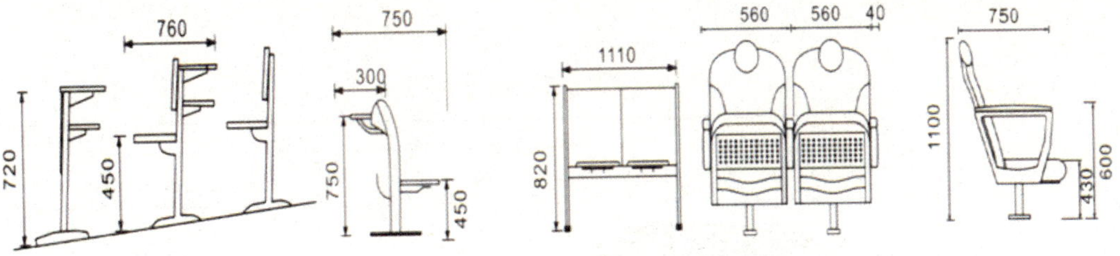

阶梯培训椅 排椅 影院椅

图10-3 公共座椅尺寸示意图

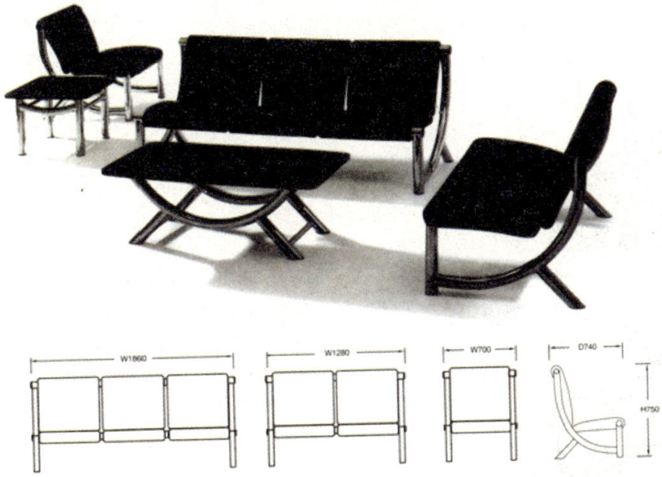

图10-4 1+2+3式沙发

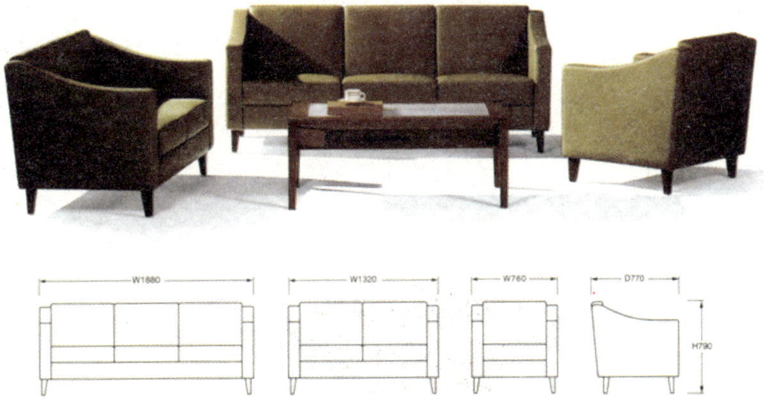

图10-5 1+3+1式沙发

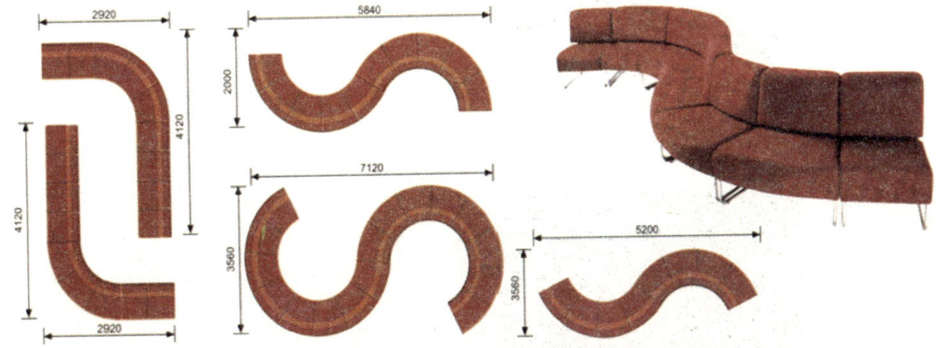

图10-6 组合式沙发

3．其他办公家具尺寸（表10-2）

表10-2　其他办公家具尺寸

产品图形及同类产品	办公家具种类与名称	规格（长W×宽D×高H）(mm×mm×mm)
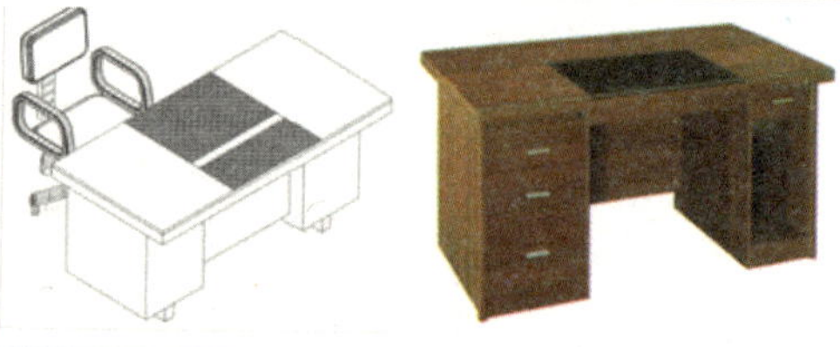	职员台	1600×800×760 1500×750×760 1400×700×760 1200×600×760
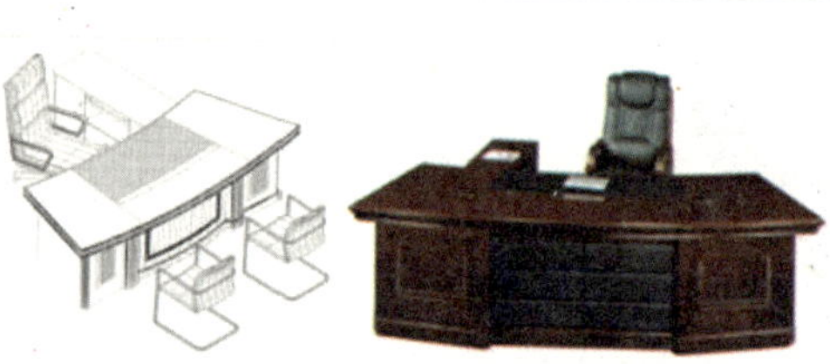	老板班台、总裁台（包括主台和副台两部分）	3600×1200×760 3500×1150×760 3200×1200×760 3000×1150×760 2800×1100×760
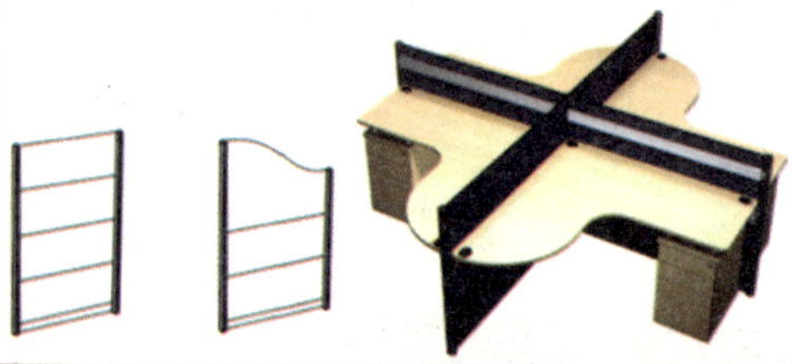	办公屏风、屏风（平板、浪行等造型）	办公屏风一般按套计算尺寸 板型屏风板尺寸：*H*366~1766 *W*1030、*W*1100、*W*1200、 *W*1425、*W*2050 浪行板尺寸：*H*766~1766 *W*1233、*W*1423、*W*1680、 *W*1755、*W*2050
	主席台条桌	4800×600×850 1800×400×760 1200×400×760
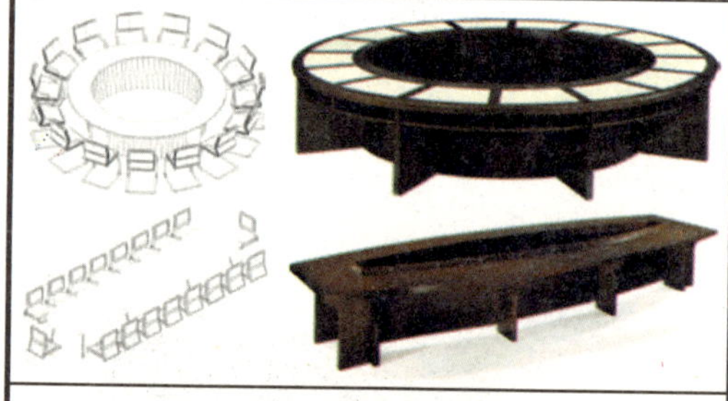	会议台（圆形台、长方形台、船型台等） 会议桌（分单层与双层）	6400×2000×760（18~20人） 6000×2000×760（16~18人） 5300×2000×760（14~16人） 4800×1800×760（12~14人） 4200×1680×760（10~12人） 3800×1600×760（8~10人） 3200×1600×760（6~8人） 2400×1200×760（4~6人）
	文件柜书柜	3960×420×2200 3680×420×2200 3080×420×2000 2200×420×2000 1800×4200×1680

三、空间布置分类

（一）单元式办公室的设计要点

（1）室内布局合理，按照工作的衔接关系安排工作位置和办公顺序，如财务室和财务处长室；会议室和候会厅等。

（2）通道宽度足够，满足房间单面与双面布局的尺寸。

（3）办公家具功能合理，留出适当的储物空间和个人活动空间。

（4）布局相对独立，有独立的办公功能，在单元办公空间中可以分割出接洽谈、接待等私密性空间。

（5）单元型布局在办公空间中所占的比例比较大，是最普遍的布局形式，也是目前写字楼出租最好的空间布局形式。

图10-7为大的开敞式办公空间中包含独立的单元式办公空间，这种布局是根据部门之间的衔接关系来划定的，一般情况下部门的负责人处于单间的位置，这方便管理与员工的交流。

（二）开敞式办公室的设计要点

（1）空间布局灵活，节省空间，是使用较广泛又比较灵活的空间布局方式之一，通常采用办公屏风和家具组合分隔成每个人的使用空间，这种布局节省公共交通的面积，提高了建筑空间利用率。

（2）开敞办公室最好以相关人员的工作关系组团式布局，形成大空间中的小单元形式（图10-8）。

（3）开敞办公室由于人员流动较大，空间通道设计要避免斜插，且通道要有足够的宽度，保证人流通行。

（4）考虑过多的人员办公和流动时的噪音水平，地面、屏风等要选择吸音、静音材料，如办公空间地面使用地毯，天花板使用矿棉板等吸声材质。

（5）精心设计各种电器、设备的线路走向，避免线路布置混乱的状态，增设现代化办公设备，增加办公效率，提高办公环境质量。

（6）合理安排办公人员的数量，建筑师拉帕特提出，为了保证室内具有一个稳定的噪音水平，建议大空间办公室内不多于80人，面积宜不小于$400m^2$。

图10-8为单元式的办公空间通过走道空间和公共的大厅空间连接过渡，形成丰富多彩的空间变化关系。一个办公空间的布局是要通过多种手段共同来限定完成的，如果单纯的是一种方式，空间会很单调。

图10-7 开敞式办公空间

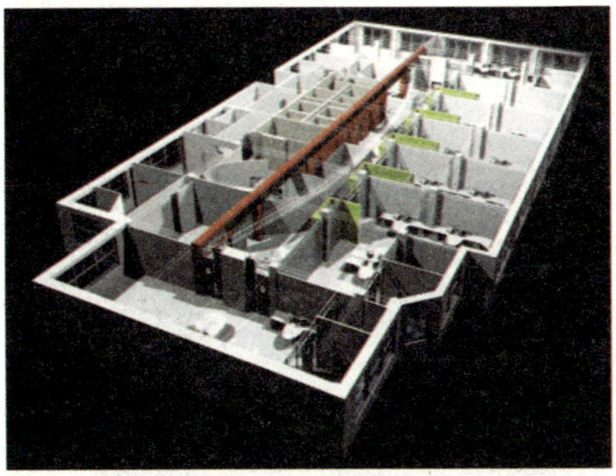

图10-8 单元式办公空间

四、各功能空间的设计

1. 办公前厅空间的设计要求

（1）办公前厅是办公空间的脸面，是企业文化展示的中心点，设计重点应在企业形象的塑造及文化氛围的渲染上。

（2）前厅应处于入口的位置，与其他功能空间衔接紧密，起到引导、接待、休息、等候、展示、洽谈的一个综合性区域。

图10-9为办公室的接待空间，桌椅的灵活布置增加了空间的亲近感，与醒目的主题墙面相呼应，红黑色调对比突出简约的线条美感，天棚的强烈结构造型体现出现代办公环境的大气与企业的文化理念。

（3）设计理念应根据办公场所的性质来展现，灯光、色彩、造型等的设计要符合空间环境，如传媒、影视、广告公司等企业适合以另类、夸张、前卫的设计理念创作；教育、金融、法律等类型的办公场所适合以稳重、大气、平和、宁静的感觉作为创作思路。图10-10为办公区前厅设计，其整体的色调以淡黄色为主，墙面、地面材料条纹的铺贴方向一致，形成一种面向LOGO墙的向心力量；吊顶利用多种材质组合成悬浮造型，体现了空间的高度气势；墙面的浮雕图案与大面积的玻璃材质形成对比，突出现代元素与仿古元素的和睦相处。

图10-9 办公区的接待空间设计

2. 会议室的设计要求

（1）空间布局应选择在比较宁静的、不受干扰的区域，面积大小根据使用人数确定。

（2）弹性设计应重点考虑，会议室的使用率不高，可以设置多媒体演示、宽带网络、电话远程会议、培训、娱乐等多功能一体的会议空间。

（3）选择材料注意其吸声、隔音性能，色彩搭配以庄重的色调为主，会议室灯光、音响设备、LED电子显示屏等要请专业人员安装配置。

（4）通道设计是关键，会议室人流较多，要考虑入口数量、通道宽度对于人流的短时疏通；合理摆放会议桌椅，注意坐椅的前后布置尺寸，保证人们能正常通过。

（5）会议室环境采用智能系统控制效果较好，包括会议室的灯光、窗帘等设备通过播放DVD时改变，灯光会自动变暗，窗帘自动关闭。

图10-11为会议室，其设计重点在于

图10-10 办公区的前厅设计

（作者：曹宇龙）

图10-11 办公楼里的会议室设计

主席台的设计造型、色调、灯光处理。由于人们长时间注视中心台面容易形成视觉疲劳，此空间尽量采用平缓的色调、宁静的造型体现会议室的严肃。天花的灯光不能太强，以免出现眩光现象，使用间接照明的方式能让空间变得温和、细腻。

3．领导办公室的设计要求

（1）领导办公室集接待、谈话、小型会议、休息等多功能一体，一般布置老板班台、书柜、小型会议桌、沙发、衣柜等家具，也可以根据面积的大小设计休息的小套间，利用书柜、隔断等巧妙地划分隐藏式的封闭空间。

（2）室内设计造型风格统一，室内布置应能体现负责人的品位及修养。

（3）领导办公室多以木质装修材料为主，彰显装修档次和领导者身份。常用办公室地面架空或抬高的设计方法，即解决了线路的布置问题，又能给人一种“高高在上”的感觉。图10-12为某办公空间效果图，其设计根据区域的不同，分为三个造型：办公桌上利用圆形吊顶塑造一种凝聚力；入口处扇面的构造与墙面材质相同，起到导向、延伸的作用；洽谈桌上方的三角形造型与直线、筒灯、圆形自由地进行线条分割，打破了棚面设计的传统概念，灵活、奔放，线条虽多，但零而不乱。

图10-12 领导办公室设计

4．多功能厅的设计

多功能厅在办公空间和商务酒店等公共空间中比较常见，具有功能的多样性能，如会议厅、视频会议厅、报告厅、学术讨论厅、培训厅等都集于一个室内空间中，根据使用功能的不同，采用多媒体显示技术完成各个系统的功能，实现现代化的会议、教学、培训、学术讨论等活动。

（1）常见的功能形式。

1）宴会多功能厅，一般是商务型酒店等场所的豪华多功能厅，承接餐饮招待会、音乐招待会、婚宴招待、新闻发布等重要宴会。

2）专业多功能厅，用来接待多媒体会议、网络电视会议、学术交流、培训等重要会议，此种接待场所适合我国国情需要，并在这几年的时间内得到迅速普及应用。

3）商务会馆内的多功能厅，可根据会议的特点设定的娱乐、休闲、会议、洗浴一体化的场所，其多功能厅弹性比较大，适合接待重要商务会议室。

（2）多功能厅的设计要点。

1）室内界面形态的设计要满足空间的声、光、色等实用要求。

2）在材料和色彩设计上要选择清新雅致的色彩，避免材料搭配花、乱，影响空间的整体环境氛围。

3）吸声材料的选择尤为重要，应该将吸声设计重点放在介于人在坐着和站着时头部的位置之间的高度范围内墙面。在天花板上，吸声材料应该局限在周边，这样中央部分可以用于加强和分配声能。

4）音响系统和视频系统复杂，集多项技术于一体，与艺术、音乐、美术、心理、电子以及建筑环境等学科密切联系，所以要专业化处理。

5）避免吸声材料的不平衡布局导致的“声染色”。

5．楼梯间的设计

（1）楼梯间在现代办公建筑中，尤其是高层建筑中已不作为主要通道而只作为辅助通道及应急疏散通道使用。

（2）楼梯位置应放置在明显和易于找到的部位，不宜放在建筑物的角部和边部，楼梯间应有直接的采光和自然通风。

（3）在四层及以下的建筑物，楼梯间可以放在距出入口不大于15m处。

（4）楼梯段最少踏步数为3步，最多为18步，梯段宽度取决于通行人数和消防要求。

（5）消防要求每个楼梯必须保证二人同时上下，梯段最小宽度范围为1100～1400mm。

（6）室外疏散楼梯梯段最小宽度范围为800～900mm，水平的护身栏杆应不小于1050mm。

（7）楼梯间灯光安装感应灯比较方便，通常采用红外线感应延时开关，随着

图10-13 楼梯间利用石材自然形态的贴拼设计

人流动熄灭控制楼梯间的灯光。图10-13为利用石材的自然裂变形态贴拼处理，表面鲜明的色彩对比虽然比较跳跃，但三个墙面的相近处理手法，能形成统一夸张的空间独特感。

图10-14为金属质感的标识设计和金属栏杆及宣传画相互呼应，使单一的楼梯通道空间变得内涵丰富。

图10-14 楼梯间利用金属质感的标识、栏杆等的设计

本章教学引导

【教学目标】

通过本章学习，了解现代办公室的分类及其特点；熟悉现代办公室的设计程序和设计的基本要素，熟悉现代办公室家具的选择和布置方法；掌握办公空间色彩的设计及办公室的防火、防盗和其他安全要素方面的知识，为办公空间的设计打下基础。

【教学要求】

本章要求学生全面掌握办公空间使用特点，以空间设计流程为导向，采用讲授式的教学方法介绍了办公空间的平面规划、发展趋势、设计规范、设计实施的可行性分析等，达到项目任务的化解，培养学生完成任务的能力。本章需重点掌握办公各功能空间的设计要点和办公家具规格要求，不能只进行单一项目的学习。

【案例导入、问题导入】

以办公空间使用功能的特殊性为依据，以使用合理性为基本原则，以行政类办公空间的功能流程布局的案例导入本章知识点，提出问题并设置悬念，以问题引出本章的知识点，并在理论讲解后的基础之上设计适合各种功能要求的立面造型，通过对整个空间的整体协调设计来打造出风格独特、功能全面的办公空间。

【知识链接】

了解公共空间的整个设计流程和发展过程。通过列举公共空间中的几类空间，如商业、展示、医疗等，对空间与人的关系重点研究，从而对公共空间的各种使用功能理解的更深刻。

【应用案例】

项目一：提供某办公楼的原始平面

【职业能力目标】

知识要点（专业能力）	方法能力	社会能力
办公空间平面布局规划能力	讲授法	设计的最根本能力
设计规范灵活运用能力	记忆法	规定的文件执行与操作能力
各部门及内部家具的设计能力	理论联系实际	大型装修工程的基础设计能力

图，根据具体案例进行有目的的设计训练，并绘制平面图、多角度轴测图、天花图、各功能空间立面图及详图。

项目二：办公家具行业调查，练习此行业所需要的图纸表现形式及出图要求，重点对立体轴测图进行训练。

【课外阅读、参考材料】

1. 设计吧廊
http://www.balang88.cn

2.中国室内设计在线
http:// www.9s7.com

3.《办公建筑设计规范》
（JGJ 67—89）

4.两只蜜蜂网
http:// www.bees2.com

【练习题】

1. 办公空间的功能空间分类包括什么？办公空间的装饰特点是什么？

2. 某广告设计公司的办公空间设计是如何与专业特点相结合的？

3. 楼梯的装饰要点是什么？如何创造此空间的流通氛围？

【项目实施要求】

掌握办公空间的基本功能要求，注意空间、材料、色彩与造型的协调，注意整体设计风格的诠释，注意绘图的规范性，图纸装订的顺序及设计说明的编写。

【项目实施与评估】

1. 课堂上布置的任务，随堂完成，采用学生自评设计方案—学生互评—教师讲评—学生打分—综合讲评。

2. 课后作业以模块教学单元的形式上交，教师批改后分发作业，答疑并针对作品进行综合总结。

【项目规范及制作方式】

使用手绘或者CAD软件制图，完成项目一的任务，要求A3图幅，标准图框，配以文字说明，轴测图角度自选，轴测图打印规格与施工图一致。

【本章作业小结】

办公空间设计重点讲述空间设计的原则及各空间设计的重点，根据任务书的规定，制定合理的方案。本单元设计任务的重点在于走廊空间与领导办公室、会议室等，合理布置家具，严格控制家具的尺寸，从客户实际需要出发，努力做到方案的真实性与高度的适用性。

参 考 文 献

[1] 彭一刚. 建筑空间组合论[M]. 北京：中国建筑工业出版社，2006.

[2] 陆震纬，来曾祥. 室内设计原理[M]. 北京：中国建筑工业出版社，2007.

[3] 朱钟炎，王耀仁. 室内环境设计原理[M]. 上海：同济大学出版社，2004.

[4] 李砚祖. 环境艺术设计[M]. 北京：中国人民大学出版社，2005.

[5] 林华. 环境艺术设计概论[M]. 北京：清华大学出版社，2005.

[6] 梁展翔. 室内设计[M]. 上海：上海人民美术出版社，2004.

[7] 彭亮. 家具设计与工艺[M]. 北京：高等教育出版社，2005.

[8] 庄夏珍. 室内植物装饰设计[M]. 重庆：重庆大学出版社，2006.

[9] 360度室内INTERIORS. 居住空间[M]. 香港：三度文化出版社，2005.

[10] 翟东晓. 2006年亚太室内年鉴[M]. 大连：大连理工大学出版社，2008.

[11] Baek, Eun-Sil, Ha, Sun-Mi, Kwon. Yeon-Hwa. FURNITURE&LIGHTING STYLE 1[M]. ARCHIWORLD CO.LTD, 2006.

[12] Mostedi, Arian, Krauel, Jacobo, Kottas, Dimitris. GREAT SPACES HOME EXTENSIONS[M]. PAGE ONE PUBLISHING PTE LTD.

[13] BEAVER, ROBYN. dream house 100[M]. IMAG, 2008.

[14] 克内里亚-杜里斯， Gibbs, Jenny. Interior Design 室内设计[M]. LAURENCE KING PUBLISHING, 2005.

[15] STEPHANIE HOPPEN. perfect neutrals[M]. PAGEONE, 2008.

[16] PIETRO, SILVIO SAN, GALLO, PAOLA. KITCHENS CUCINE[M]. EDIZIONI L'ARCHI-VOL TO , 2004.

[17] MAU, BRUCE. HOME DESIGN [M]. PHAIDON PRESS LIMITED, 2005.

[18] Joe Boschetti. INTERIOR SPACES of the USA and CANADA[M]. Oversea Publishing House, 2006.

[19] 饶良修. 中国室内设计年刊第九期方案篇、工程篇[M]. 武汉：华中科技大学出版社，2006.

[20] 香港室内设计协会. 亚太室内设计大奖作品选[M]. 沈阳：辽宁科学技术出版社，2003.

[21] 中国室内设计年鉴编委会. 2006中国室内设计年鉴[M]. 沈阳：辽宁科学技术出版社，2007.

[22] 室内设计师编委会. IA13——室内设计师13[M]. 北京：中国建筑工业出版社，2008.

[23] 中华人民共和国建设部. 住宅设计规范（GB 50096—99），2003.

[24] 办公建筑设计规范（JGJ 67—89）. 北京：中国建筑工业出版社，2007.

[25] 住宅建筑规范（GB 50368—2005）. 北京：中国建筑工业出版社，2006.

[26] 国家标准化管理委员会. 光源显色性国家标准（GB/T 5702—2003）. 北京：中国标准出版社，2003.